中国古代饮食

王辉 编著

 中国商业出版社

图书在版编目（CIP）数据

中国古代饮食／王辉编著 . --北京：中国商业出版社，2015. 10（2023. 4 重印）
ISBN 978-7-5044-8591-5

Ⅰ. ①中… Ⅱ. ①王… Ⅲ. ①饮食-文化-中国-古代 Ⅳ. ①TS971

中国版本图书馆 CIP 数据核字（2015）第 229210 号

责任编辑：刘万庆

中国商业出版社出版发行
010-63180647 www.c-cbook.com
（100053 北京广安门内报国寺 1 号）
新华书店经销
三河市吉祥印务有限公司印刷

＊

710 毫米×1000 毫米 16 开 12.5 印张 200 千字
2015 年 10 月第 1 版 2023 年 4 月第 3 次印刷
定价：25. 00 元

＊　＊　＊　＊　＊

（如有印装质量问题可更换）

《中国传统民俗文化》编委会

主　编　傅璇琮　著名学者，国务院古籍整理出版规划小组原秘书长，清
　　　　　　　　华大学古典文献研究中心主任，中华书局原总编辑

顾　问　蔡尚思　历史学家，中国思想史研究专家

　　　　卢燕新　南开大学文学院教授

　　　　于　娇　泰国辅仁大学教育学博士

　　　　张骁飞　郑州师范学院文学院副教授

　　　　鞠　岩　中国海洋大学新闻与传播学院副教授，中国传统文化
　　　　　　　　研究中心副主任

　　　　王永波　四川省社会科学院文学研究所研究员

　　　　叶　舟　清华大学、北京大学特聘教授

　　　　于春芳　北京第二外国语学院副教授

　　　　杨玲玲　西班牙文化大学文化与教育学博士

编　委　陈鑫海　首都师范大学中文系博士

　　　　李　敏　北京语言大学古汉语古代文学博士

　　　　韩　霞　山东教育基金会理事，作家

　　　　陈　娇　山东大学哲学系讲师

　　　　吴军辉　河北大学历史系讲师

策划及副主编　　王　俊

序　言

　　中国是举世闻名的文明古国,在漫长的历史发展过程中,勤劳智慧的中国人创造了丰富多彩、绚丽多姿的文化。这些经过锤炼和沉淀的古代传统文化,凝聚着华夏各族人民的性格、精神和智慧,是中华民族相互认同的标志和纽带,在人类文化的百花园中摇曳生姿,展现着自己独特的风采,对人类文化的多样性发展做出了巨大贡献。中国传统民俗文化内容广博,风格独特,深深地吸引着世界人民的眼光。

　　正因如此,我们必须按照中央的要求,加强文化建设。2006年5月,时任浙江省委书记的习近平同志就已提出:"文化通过传承为社会进步发挥基础作用,文化会促进或制约经济乃至整个社会的发展。"又说,"文化的力量最终可以转化为物质的力量,文化的软实力最终可以转化为经济的硬实力。"(《浙江文化研究工程成果文库总序》)2013年他去山东考察时,再次强调:中华民族伟大复兴,需要以中华文化发展繁荣为条件。

　　正因如此,我们应该对中华民族文化进行广阔、全面的检视。我们应该唤醒我们民族的集体记忆,复兴我们民族的伟大精神,发展和繁荣中华民族的优秀文化,为我们民族在强国之路上阔步前行创设先决条件。实现民族文化的复兴,必须传承中华文化的优秀传统。现代的中国人,特别是年轻人,对传统文化十分感兴趣,蕴含感情。但当下也有人对具体典籍、历史事实不甚了解。比如,中国是书法大国,谈起书法,有些人或许只知道些书法大家如王羲之、柳公权等的名字,知道《兰亭集序》

是千古书法珍品，仅此而已。

再如，我们都知道中国是闻名于世的瓷器大国，中国的瓷器令西方人叹为观止，中国也因此获得了"瓷器之国"（英语 china 的另一义即为瓷器）的美誉。然而关于瓷器的由来、形制的演变、纹饰的演化、烧制等瓷器文化的内涵，就知之甚少了。中国还是武术大国，然而国人的武术知识，或许更多来源于一部部精彩的武侠影视作品，对于真正的武术文化，我们也难以窥其堂奥。我国还是崇尚玉文化的国度，我们的祖先发现了这种"温润而有光泽的美石"，并赋予了这种冰冷的自然物鲜活的生命力和文化性格，如"君子当温润如玉"，女子应"冰清玉洁""守身如玉"；"玉有五德"，即"仁""义""智""勇""洁"；等等。今天，熟悉这些玉文化内涵的国人也为数不多了。

也许正有鉴于此，有忧于此，近年来，已有不少有志之士开始了复兴中国传统文化的努力之路，读经热开始风靡海峡两岸，不少孩童以至成人开始重拾经典，在故纸旧书中品味古人的智慧，发现古文化历久弥新的魅力。电视讲坛里一拨又一拨对古文化的讲述，也吸引着数以万计的人，重新审视古文化的价值。现在放在读者面前的这套"中国传统民俗文化"丛书，也是这一努力的又一体现。我们现在确实应注重研究成果的学术价值和应用价值，充分发挥其认识世界、传承文化、创新理论、资政育人的重要作用。

中国的传统文化内容博大，体系庞杂，该如何下手，如何呈现？这套丛书处理得可谓系统性强，别具匠心。编者分别按物质文化、制度文化、精神文化等方面来分门别类地进行组织编写，例如，在物质文化的层面，就有纺织与印染、中国古代酒具、中国古代农具、中国古代青铜器、中国古代钱币、中国古代木雕、中国古代建筑、中国古代砖瓦、中国古代玉器、中国古代陶器、中国古代漆器、中国古代桥梁等；在精神文化的层面，就有中国古代书法、中国古代绘画、中国古代音乐、中国古代艺术、中国古代篆刻、中国古代家训、中国古代戏曲、中国古代版画等；在制度文化的层面,就有中国古代科举、中国古代官制、中国古代教育、中国古代军队、中国古代法律等。

此外,在历史的发展长河中,中国各行各业还涌现出一大批杰出人物,至今闪耀着夺目的光辉,以启迪后人,示范来者。对此,这套丛书也给予了应有的重视,中国古代名将、中国古代名相、中国古代名帝、中国古代文人、中国古代高僧等,就是这方面的体现。

生活在 21 世纪的我们,或许对古人的生活颇感兴趣,他们的吃穿住用如何,如何过节,如何安排婚丧嫁娶,如何交通出行,孩子如何玩耍等,这些饶有兴趣的内容,这套"中国传统民俗文化"丛书都有所涉猎。如中国古代婚姻、中国古代丧葬、中国古代节日、中国古代民俗、中国古代礼仪、中国古代饮食、中国古代交通、中国古代家具、中国古代玩具等,这些书籍介绍的都是人们颇感兴趣、平时却无从知晓的内容。

在经济生活的层面,这套丛书安排了中国古代农业、中国古代经济、中国古代贸易、中国古代水利、中国古代赋税等内容,足以勾勒出古代人经济生活的主要内容,让今人得以窥见自己祖先的经济生活情状。

在物质遗存方面,这套丛书则选择了中国古镇、中国古代楼阁、中国古代寺庙、中国古代陵墓、中国古塔、中国古代战场、中国古村落、中国古代宫殿、中国古代城墙等内容。相信读罢这些书,喜欢中国古代物质遗存的读者,已经能掌握这一领域的大多数知识了。

除了上述内容外,其实还有很多难以归类却饶有兴趣的内容,如中国古代乞丐这样的社会史内容,也许有助于我们深入了解这些古代社会底层民众的真实生活情状,走出武侠小说家加诸他们身上的虚幻的丐帮色彩,还原他们的本来面目,加深我们对历史真实性的了解。继承和发扬中华民族几千年创造的优秀文化和民族精神是我们责无旁贷的历史责任。

不难看出,单就内容所涵盖的范围广度来说,有物质遗产,有非物质遗产,还有国粹。这套丛书无疑当得起"中国传统文化的百科全书"的美誉。这套丛书还邀约大批相关的专家、教授参与并指导了稿件的编写工作。应当指出的是,这套丛书在写作过程中,既钩稽、爬梳大量古代文化文献典籍,又参照近人与今人的研究成果,将宏观把握与微观考察相结合。在论述、阐释中,既注意重点突出,又着重于论证层次清晰,从多角度、多层面对文化现象与发展加以考察。这套丛书的出版,有助于我们走进古人的世界,了解他们的生活,去回望我们来时的路。学史使人明智,历史的回眸,有助于我们汲取古人的智慧,借历史的明灯,照亮未来的路,为我们中华民族的伟大崛起添砖加瓦。

　　是为序。

傅璇琮

2014 年 2 月 8 日

前　言

俗话说"民以食为天"，这句话就证明了饮食在我们日常生活里是占有极重要地位的。世界上凡是讲究饮食、精于烹饪的国家，溯及以往，必定是拥有高度文化背景的大国。它们一般社会经济繁荣、资源充裕、国富民强，因而才有闲情逸致在饮食方面下功夫。

中国烹饪历史悠久、源远流长。地方菜在各流派中更是各树一帜，经过长期的积累与发展形成了一大批著名菜系，典型的地方代表派系当属中国的"八大菜系"。

泱泱中华，文明五千年。在中华民族浩瀚的文化宝库中，"饮食文化"这颗明珠耀璨耀人、光惠众一、历久弥新。中国饮食文化源远流长、内涵丰富，以工艺精湛、工序完整、流程严谨、烹调方法复杂多变等特点在世界烹饪史上独树一帜，形成了独具特色的饮食文化。中华菜肴已经历了五千年的发展历史。它由历代宫廷菜、官府菜及各地方菜系所组成，主体是各地方风味菜。其高趣的烹饪技艺和丰富的文化内涵，堪称世界一流。孙中山先生在《建国方略》中曾说："昔日中西未通市以前，西人只知烹饪一道法国为世界之冠，及一尝中国之味，莫不以中国为冠矣。"

中华饮食之所以让人惊叹，就在于最平常的原料也能在中国人手中变成可口的美味，再普通的一粥一饭也能在华夏人的调和中散发出异香。

　　本书从饮食探源、饮食思想、饮食礼仪、饮食器具、饮食流派、饮食典故、饮食典籍等方面出发，从各个角度呈现出了中华饮食文化的全貌。在有限的篇幅内将知识性、趣味性和可读性巧妙地结合在一起，用深入浅出的语言和精美的图画，图文并茂地描述了中华饮食文化的历史、故事、传说、趣闻逸事，为读者呈现出一幅丰富多彩的饮食文化画卷。这不仅让读者的心灵和佳肴相互交流，更使得人们的肠胃和品位互相沟通。

　　弘扬和继承中华饮食文化，不仅能提高现代人的生活品位和质量，更能给后代留下丰富的精神财富。

目录

第一章 饮食文化与饮食民俗概述

第一节 饮食文化概述 ························· 2

饮食的含义 ························· 2

饮食文化的概念 ························· 2

饮食文化的内容 ························· 3

饮食文化的基本特征 ························· 4

饮食文化的功能 ························· 5

第二节 古代饮食民俗 ························· 8

什么是饮食民俗 ························· 8

饮食民俗形成的原因 ························· 8

饮食民俗的社会功能 ························· 10

中国饮食民俗的特征 ························· 12

第三节 中国饮食文化的历史传承 ················· 14

原始社会的萌芽时期 ························· 15

夏商周的成形时期 ························· 15

秦汉的初步发展时期 …………………………… 16

魏晋隋唐的全面发展时期 ………………………… 16

宋元明清的成熟时期 …………………………… 17

民国至今的繁富时期 …………………………… 18

第二章　古代饮食民俗

第一节　古代民族饮食习俗 ………………… 20

汉族的日常食俗 ………………………………… 20

汉族传统节日美食 ……………………………… 21

少数民族的日常食俗 …………………………… 25

少数民族的节日食俗 …………………………… 31

第二节　不同阶层人群的饮食生活 ………… 36

宫廷饮食文化 …………………………………… 36

贵族饮食文化 …………………………………… 38

文人士大夫饮食文化 …………………………… 39

市井百姓饮食文化 ……………………………… 40

宗教饮食文化 …………………………………… 42

第三节　人生仪礼食俗 ……………………… 45

诞生礼食俗 ……………………………………… 45

婚礼食俗 ………………………………………… 48

寿诞食俗 ………………………………………… 50

丧葬食俗 ………………………………………… 53

第三章　古代饮食与烹饪文化

第一节　古代饮食原料与用料技艺 ………… 58

饮食原料的主要类别 …………………………… 58

烹饪用料的选择 ……………………………… 62

🌸 **第二节　古代主要饮食调料** ………………… 64

百味之首的盐 ………………………………… 64

浓香增色的酱油 ……………………………… 66

保健开胃的醋 ………………………………… 67

甘美如饴的糖 ………………………………… 68

气香特异的姜 ………………………………… 69

历史悠久的蒜 ………………………………… 70

香气浓郁的花椒 ……………………………… 71

辛辣红火的辣椒 ……………………………… 72

🌸 **第三节　饮食器具趣谈** …………………… 74

美食与美器的千古绝配 ……………………… 74

筷子的历史 …………………………………… 80

中国古代炊具 ………………………………… 83

中国古代盛食器 ……………………………… 85

第四章　古代饮食烹饪技艺

🌸 **第一节　中国烹饪的制作工艺** …………… 90

刀工技艺 ……………………………………… 90

配菜技艺 ……………………………………… 91

火候技艺 ……………………………………… 93

调味技艺 ……………………………………… 93

🌸 **第二节　中国传统烹饪方法** ……………… 95

炒：最基本的烹饪方法 ……………………… 95

蒸：蒸汽加工法 ……………………………… 97

煮：慢工细火入味浓 ………………………………… 97

煎：干炸生煎酥脆香 ………………………………… 98

烤：最古老的烹饪方法 ……………………………… 99

第三节　中国主食文化 …………………………… 101

中国主副食文化的形成过程 ……………………… 101

中国面点的主要形态 ……………………………… 102

中国面点风味流派 ………………………………… 104

古代粥文化 ………………………………………… 107

第五章　古代饮品文化

第一节　古代酒文化 ……………………………… 110

酒的起源和演变 …………………………………… 110

中国名酒 …………………………………………… 114

古代酒礼 …………………………………………… 119

古代酒道 …………………………………………… 121

古代酒令 …………………………………………… 121

第二节　古代茶文化 ……………………………… 123

茶的发展与传承 …………………………………… 124

中国茶叶的分类及特点 …………………………… 127

古代茶具 …………………………………………… 129

中国十大名茶 ……………………………………… 131

古代茶礼 …………………………………………… 137

古代茶道 …………………………………………… 137

第三节　古代汤文化 ……………………………… 138

汤的分类 …………………………………………… 138

中国名汤 ································ 141

汤与名人 ································ 142

第六章　中国名吃、名菜与名宴

第一节　中国风味小吃 ················ 146

北京小吃驴打滚 ···················· 146

天津小吃狗不理包子 ················ 147

哈尔滨小吃红肠 ···················· 147

绍兴小吃臭豆腐 ···················· 148

福建沙县小吃馄饨 ·················· 148

武汉小吃热干面 ···················· 149

成都小吃龙抄手 ···················· 150

昆明小吃过桥米线 ·················· 151

西安小吃羊肉泡馍 ·················· 151

兰州小吃酿皮（凉皮） ·············· 152

桂林小吃米粉 ······················ 153

第二节　中国地方名菜 ················ 154

中国八大菜系 ······················ 154

夫妻肺片 ·························· 157

道口烧鸡 ·························· 158

全聚德烤鸭 ························ 158

西湖莼菜 ·························· 159

第三节　中国名宴 ···················· 161

文会宴 ···························· 162

烧尾宴 ……………………………………………… 162

满汉全席 …………………………………………… 163

第七章 古代饮食趣谈

第一节 古代著名饮食思想 ……………………… 168

以礼为先的儒家饮食 ……………………………… 168

食疗养生的道家饮食 ……………………………… 169

茹素修行的佛家饮食 ……………………………… 170

第二节 中华传统食经 …………………………… 172

《黄帝内经》：医食同源 …………………………… 172

忽思慧《饮膳正要》：中国第一部营养学专著 …… 173

贾铭《饮食须知》：食物搭配指南 ………………… 174

《吴氏中馈录》：女厨食典 ………………………… 175

孙思邈《千金食治》：食疗精粹 …………………… 176

张英《饭有十二合说》：士大夫饮食宝典 ………… 178

袁枚《随园食单》：厨人秘珍 ……………………… 178

参考书目 …………………………………………… 181

饮食文化与饮食民俗概述

人类的文明始于饮食。中国不仅是人类文明的发祥地之一,也是世界饮食文化的发祥地之一。中国饮食文化历史悠久,博大精深,是世界饮食文化宝库中一颗璀璨的明珠,对世界饮食文化产生过重要影响。本章通过对中国饮食文化与民俗的介绍来揭示世界饮食文化的发展。

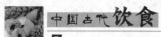

第一节
饮食文化概述

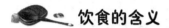 **饮食的含义**

"饮食"一词最早大约出现于春秋战国时期。《礼记·礼运》谓"饮食男女，人之大欲存焉"。

广义的饮食包括三个部分：

（1）饮食原料的加工生产，即制成产品的过程；

（2）成品即饮品、食品；

（3）对饮食品的消费，也就是吃喝。

狭义的饮食，仅指消费饮食品的过程。

饮食文化的概念

饮食文化是指特定社会群体在食物原料开发利用、食品制作和饮食消费过程中的技术、科学、艺术，以及以饮食为基础的习俗、传统、思想和哲学，即由人们食生产和食生活的方式、过程、功能等结构组合而成的全部食事的总和。

其含义也有广义和狭义之分。广义上来讲，饮食文化是指人类在饮食生活中创造的一切物质文化和非物质文化的总和。而狭义的饮食文化是指人类在饮食生活中创造的非物质文化，如饮食风俗、饮食思想、饮食行为等。

饮食文化的内容

在一个特定的社会群体中，例如国家、民族、村庄、家庭等，人们的饮食行为在特定的自然和社会环境的影响下，形成了种种属于本群体的特色，这些特色也就成了特定群体的文化标志。如果要以一个特定的社会群体作为人类文化的研究对象时，其饮食行为自然而然成为文化研究的基本内容之一。

 1. 饮食生产

饮食生产包括食物原料的开发（发掘、研制、培育）、生产（种植、养殖），食品加工制作（家庭饮食、酒店饭馆餐饮、工厂生产），食料与食品保鲜、安全贮藏，饮食器具制作，社会食生产管理与组织。

 2. 饮食生活

饮食生活包括食料、食品获取（购买食料、食品），食料、食品流通，食品制作（家庭饮食烹调），食物消费（进食），饮食社会活动与食事礼仪，社会食生活管理与组织。

 3. 饮食事象

饮食事象是指人类食事或与之相关的各种行为、现象。

 4. 饮食思想

饮食思想是指人们对饮食的认识、知识、观念和理论。

 5. 饮食惯制

饮食惯制是指人们的饮食习惯、风俗、传统等。

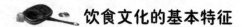 饮食文化的基本特征

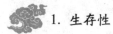 1. 生存性

"民以食为天"。饮食是人类生存和发展的根本条件。西方观点则认为："世界上没有生命则没有一切，而所有的生命都需要食物。"人类饮食的历史其实就是人类适应自然、征服与改造自然以求得自身生存和发展的历史。

 2. 传承性

不同地区、不同国家和不同民族由于区位文化的稳定发展以及长期内循环下的世代相传，使得区域内的饮食文化传承得以保持原貌。食物原料及其生产、加工、基本食品的种类、烹制方法，饮食习惯与风俗，几乎都是这样世代相沿重复存在，甚至同一区域内食品的生产者与消费者的心理和观念也是基于这一基础产生的。

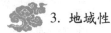 3. 地域性

地理环境是人类生存活动的客观基础。人类为了生存，不得不努力利用客观条件改变自己所处的环境，以便最大效能地获取必需的生活资料。不同地域的人们因为获取生活资料的方式、难易程度及气候因素等的不同，自然会产生不同的饮食习俗，最终形成多彩多姿的饮食文化。这就是所谓的"一方水土养育一方人"。

 4. 民族性

不同的民族由于长期赖以生存的自然环境、经济生活、生产经营的内容、生产力水平与技术、宗教信仰等均存在差异，所以几乎每一个民族都有各自不同的饮食习俗，并最终形成了独具特色的饮食文化。其特性主要体现在传统食物的摄取、食物原料的烹制技法以及食品的风味特色上。它包括不同的饮食习惯、饮食礼仪和饮食禁忌等内容。

 **5. 审美性**

审美性既是对千千万万食品具体的、生动形象的抽象逻辑性描述，同时又是随着社会进步、科技进步以及由此推动的价值观念、审美观念的发展而发展变化的历史的发展性概念。火的发现与运用，使人类结束了茹毛饮血的蒙昧时代，从而进入炙烤熟食的文明时代，这就为饮食美的发展提供了最基础的条件。陶器的发明和使用，同样为人类食物的美化提供了物质条件。随之而来的是，调味品的不断被发现、人类烹饪技术和经验日臻完善、烹饪器具的日渐丰富、人类对食物质地的优劣、味道色泽等的认识也不断提升。在这个过程中，人类其实逐渐地将自身的审美意识融入到饮食中。

 饮食文化的功能

 1. 生活实用功能

生活实用功能主要表现在补充人体所必需的营养物质、预防与治疗某些疾病的发生、美容健体以及延缓人体衰老等各个方面。

对症进食不仅可充分利用粮食、蔬菜的营养作用，还有较好的预防和治疗疾病的效果。比如：为了预防感冒，在感冒易发季节，就多吃一些大蒜，这是因为大蒜中含有丰富的抗病毒成分，会增强身体的免疫力；醉酒呕吐后最好喝些番茄汁，可以及时补充体内流失的钾、钙、钠等元素；喜欢运动的人最好多吃香蕉，因为运动时，身体中的很多矿物质会随汗液排出体外，主要是钾和钠两种元素，身体中钠的"库存"量相对较大，而且钠也比较容易从食物中得到补充，但钾元素在体内的含量比较少，因此运动后更要注意选择含有丰富钾元素的食品及时补充。

随着年龄的增长，人体的肌肉会变少，脂肪开始增加，营养方案也必须随之改变。这时可以通过正确的膳食来控制身体变化，对抗新陈代谢减慢，以延缓人体衰老。

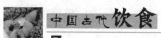
 2. 社会整合功能

饮食文化的社会整合功能主要表现在纪念功能、教化功能、文化传承功能、增进感情功能、创造价值功能。

饮食是人类最为基本的生活需求，自然容易与历史发生一定的关联。譬如，中国的传统节日端午节，人们以吃粽子纪念屈原。

中国饮食文化丰富多彩，博大精深，通过认识和了解中国饮食文化，可以增强民族自豪感和民族自信心。而且饮食文化中包含有很多礼仪方面的知识，传递和体现了一种"礼数"。

 3. 审美娱乐功能

现代社会生活节奏加快、社会压力更加沉重，人们在注重饮食营养、健康的同时，追求饮食文化的精神娱乐性，从而获得物质和精神的双重享受。

粽子

人们善于从饮食文化中去发现美、创造美、欣赏美，无论是从饮食本身、饮食器具还是饮食环境，对于美的发掘和欣赏总是贯穿于整个饮食活动中。诗人李白喜饮酒作诗，"举杯邀明月，对影成三人"，品酒的同时"怡情悦性"。宋代文人苏东坡则在中秋之夜欢饮达旦，为抒发思亲之情，写下了千古名篇《水调歌头》。

 知识链接

水晶饼的由来

水晶饼是陕西渭南地区的名点小吃，其特色是金面银帮，起皮掉酥，凉舌渗齿，甜润适口。传说宋代宰相寇准为官清廉，办事公正，深得民心。有一年寇准从京都汴梁回到老家渭南乡下探亲，正逢其五十大寿，于是，亲朋好友送来寿桃、寿面、寿匾表示祝贺，寇准摆寿宴招待大家。酒过三巡，忽见手下人捧来一个个精致的桐木盒子。寇准打开一看，里面装着50个晶莹透亮如同水晶石一般的小点心。在点心上面，还放着一张红纸，整整齐齐地写着一首诗："公有水晶目，又有水晶心。能辨忠与奸，清白不染尘。"落款是渭北老叟。后来，寇准的家厨就仿照此样做出了这种点心，寇准据其特点给它取了一个形象的名字，叫作"水晶饼"。

第二节
古代饮食民俗

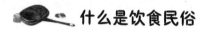 什么是饮食民俗

饮食民俗是指人们在筛选食物原料、加工和烹制、食用食物的过程中，所积久形成并传承不息的风俗习惯，也称饮食风俗、食俗。一般包括年节食俗、日常食俗、人生礼仪食俗、宗教信仰食俗。如按民族成分来认识，又可分为汉民族食俗、少数民族食俗。

中国饮食民俗是中华民族的优秀文化遗产，是诸多民俗中最古老、最持久、最活跃、最有特色、最具群众性和生命力的一个重要分支。饮食民俗是一种饮食活动，是一定区域或民族的人们共同遵守的一种饮食方式，同时在民族文化交流与传播过程中逐渐发展。我们应当发扬有利于人们身心健康的好习惯，倡导移风易俗。革除那些不利于饮食卫生，束缚生产发展，宣扬封建迷信的陈规陋俗。

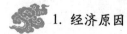 饮食民俗形成的原因

1. 经济原因

饮食民俗虽然是一种文化现象，但其孕育和演变无疑会受到社会生产力发展程度和农业生产力布局的制约。有什么样的物质生产基础，便会产

古代饮食器皿

生相应的膳食结构和肴馔（饭食）风格。而农业生产的多样性又为各地饮食民俗多样性提供了物质基础。农副产品是人类食物中最重要的物质来源，在自然条件和社会经济条件的共同影响下，我国的农业生产布局、耕作制度、农副产品种类等都有很大差异。东部以种植业为主，西部以牧业经济为主。北方农区以面粉、杂粮为主食；南方农区以稻米为主食，茶和酒为主要饮料。

 2. 自然条件原因

自然地理条件是人类赖以生存和发展的物质条件，饮食民俗对自然条件有很强的选择性和适应性。地域及气候等条件不同，食性和食趣也不一样，形成了东辣西酸、南甜北咸的口味嗜好的分别。东南待客重水鲜，西北迎宾多羊馔，均与就地"取食"的生存习性相一致。这种饮食民俗的地域差异，正是各种民间风味和各种菜系形成的重要原因。

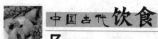
 3. 民族原因

我国是一个由 56 个民族组成的多民族国家，由于各民族所处地域的自然和社会条件不同，人们在长期的生产和生活实践中经过世代的传承和演变，形成了区别于其他民族的自己所特有的传统饮食民俗。

 4. 宗教信仰的原因

不少饮食民俗是从原始信仰崇拜和某些人为宗教仪式演变而来的。道教、佛教、伊斯兰教的兴起、传播和流行，对我国的饮食民俗有着较大的影响，特别是教义和戒律对教徒的约束力很大，因此，这类约束民俗一旦形成就很难改变。如以食为天的儒家思想，养生为尚的道家饮食思想，茹素修行的佛家饮食思想，清净为本的伊斯兰教饮食思想，对人们在什么条件下吃，吃什么，怎样吃，都有一定之规。

饮食民俗的社会功能

 1. 教育感化功能

民俗文化是一切文化的母体。饮食民俗作为一种文化现象，在个人社会化过程中占有决定性的地位，从出生的诞生礼、结婚的喜庆礼到死去的丧葬礼，人们一直生活在民俗中。饮食民俗的教育感化功能，是指培养人们的道德情操，增强人们对生活的勇气和热爱，以及民族感和爱国心等方面的教育和模塑作用。在饮食民俗的教育感化作用下，人们逐渐懂得对家庭和社会承担的责任，懂得如何尊敬父母长辈，建立美满和谐的家庭。

 2. 维系凝聚功能

民俗学专家通常把社会规范分为四个层面：法律、纪律、道德、民俗。

而且认为民俗是产生最早、约束面最广的一种深层行为规范。饮食民俗具有很强的社会凝聚力、民族亲和力以及国民向心力。饮食民俗维系着社会生活的相对稳定，它是人们认同自己所属群体的标志。人们通过节庆活动，以实现感化人的目的，培养人们的归属感和凝聚力。移居海外的华侨尽管身在异国他乡，但都铭记自己是中华民族的子孙，始终保持着中华民俗和饮食习惯。饮食民俗，就像一个巨大的磁场，形成强大的凝聚力，使人们保持稳定的生活方式。

 ### 3. 纪念怀古功能

饮食民俗具有纪念怀古功能，其主要是指那些以纪念为目的的饮食民俗活动。例如端午节是为了纪念屈原，寒食节是为了纪念介子推，而重阳节饮菊花酒是效仿晋朝大诗人陶渊明。

 ### 4. 娱乐调节功能

在众多的饮食民俗事项中，传承于民间的大部分饮食民俗活动都带有浓厚的娱乐性质，所有带有娱乐功能的饮食民俗都是和人们的审美意识结合在一起的，它们是各民族民众创造的精神产品，集中体现了集体的智慧，体现出了积极、健康、向上的精神和情趣，具有一种崇高的精神美。如春节吃年夜饭、燃放烟花爆竹，正月十五吃元宵、猜灯谜，中秋节吃月饼、赏月，饮食民俗的娱乐功能显而易见。

 ### 5. 实用补偿功能

饮食民俗具有实用补偿功能，主要是指在日常生活中对社会生产和生活能起直接作用，如婚事聘礼、结婚喜宴、生孩子送红蛋报喜、满月酒、寿宴等。在我国有些地区，素有农历三月三吃荠菜花煮鸡蛋治头晕的习俗，虽然没有什么科学依据，但荠菜有丰富的营养，加上鸡蛋，吃了自然对身体有好处。

古代饮食器皿

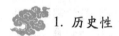 ## 中国饮食民俗的特征

1. 历史性

所谓历史性，即不同时代在饮食民俗上所表现出的不同特征。一是在特定的时代具有特定的饮食民俗。如唐王朝崇奉道教，视鲤鱼为神仙的坐骑，又加上李（谐音"鲤"）为国姓，讲究避讳，故而唐朝皇帝曾下令不准买卖鲤鱼，而唐朝人也因此不敢食鲤鱼，因而整个唐朝几乎没有有关鲤鱼的菜谱。二是特定年代对某些饮食民俗事项的改革，从而烙上了该时代的烙印。

2. 传承性

所谓传承性，即不同历史时期在饮食民俗上所表现出的沿袭相承的特征。一是一些饮食民俗以其合理性赢得了广泛的认同，代代相传，而不断地被继承下来。如我国浙江、江苏、湖北、湖南、江西、安徽等地人们每年四月初八吃的"乌米饭"，早在唐代就已见诸文字记载。屈大均的诗云："社日家家南烛饭，青精遗法在苏罗。"诗中的南烛饭也是乌米饭。林兰痴的诗云："青精益气道家风，供佛如今馈节同。习尚更关闺阁事，数枚鸡子黑参红。"二是一些不良习俗虽具有不合理性，但往往因有传统的支撑而传之后世。如苗族祭祀祖先的节日——"吃牯脏"，从资源消耗的角度来说，属于不良的饮食习俗，活动期间要宰杀很多的耕牛、猪羊和鸡鸭，浪费相当之大。

3. 特殊性

所谓特殊性，即指有些饮食习俗仅仅只在有关的节日、礼仪中进行，它通常与礼仪的内涵相一致。如汉族婚姻礼仪中的主题一般有三项。第一项是夫妻生活和谐；第二项是生儿育女；第三项是孝敬公婆。在婚姻礼仪中的饮食活动都是围绕着这些主题而进行的。婚姻礼仪中的交杯酒，先准备好一壶酒和两个杯子，放在新房里，酒壶上要系上红布条或缠上红纸条，表示吉庆。仪式开始时，新郎新娘并立在床前，由媒人或婶娘斟好两杯酒，分别用两只手端着，并念诵"相亲相爱，白头到老，早生贵子，多子多福"之类的颂词，然后将左手的酒杯交给新郎，右手的酒杯交给新娘，新郎新娘向媒人或婶娘鞠躬致谢，说声"遵您金言"后，交臂而饮，其寓意是两人将以结永好。婚姻礼仪中的吃"子孙饺子"，地点在洞房，新郎、新娘共同举箸而食，但在吃的时候，要回答别人的提问。因饺子是半生不熟的，当别人问"生不生"时，则一定要回答"生"，其寓意是以"生熟"之"生"谐"生育"之"生"。

知识链接

豆腐与豆腐之乡

中国是豆腐之乡，据说它的发明地就在安徽寿县。据五代谢绰的《宋拾遗录》记载："豆腐之术，三代前后未闻。此物至汉淮南王方始传其术于

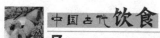
世。"南宋大理学家朱熹也曾在《素食诗》中写道:"种豆豆苗稀,力竭心已腐;早知淮南术,安坐获泉布。"诗末自注云:"世传豆腐本为淮南王术。"以上意思而是说,豆腐是淮南王刘安发明的。淮南王刘安,是西汉高祖刘邦之孙,公元前164年被封为淮南王,都邑设于寿春(即今安徽寿县城关),名扬古今的八公山就在寿春城边。

刘安雅好道学,欲求长生不老之术,因此不惜重金广招方术之士,其中较为出名的有苏非、李尚、田由、雷被、伍被、晋昌、毛被、左吴八人,号称"八公"。刘安由八公相伴,登上北山而建造炉,炼仙丹以求长寿。他们取山中"珍珠""大泉""马跑"三泉清冽之水磨制豆汁,又以豆汁培育丹苗。不料炼丹不成,豆汁与盐卤化合成一种芳香诱人、白白嫩嫩的东西来。当地有胆大的农夫取而食之,发觉竟然美味可口,于是取名"豆腐"。北山从此更名"八公山",刘安也于无意中成为豆腐的老祖宗。

自刘安发明豆腐之后,八公山方圆数十里的广大村镇,就成了名副其实的"豆腐之乡"。

第三节
中国饮食文化的历史传承

任何事物都有发生、演变的过程,饮食文化亦不例外。由于不同阶段食品原料和人们思想认识的不同,中国饮食文化也表现出不同的阶段性特点。

总体来说，中国饮食文化的发展沿着由萌芽到成熟、由简单到繁多、由粗放到精致、由物质到精神、由口腹欲到养生观的方向发展。中国饮食文化的发展可分为以下几个阶段：

原始社会的萌芽时期

在人类发展的历史长河中，原始社会的历程最为漫长。人们在艰难的环境中，慢慢地进步，从被动采集、渔猎到主动种植、养殖；餐饮方式从最初的茹毛饮血到用火烤食；从无炊具的火烹到借助石板的石烹，再到使用陶器的陶烹；从原始的烹饪到调味品的使用；从单纯的满足口腹到祭祀、食礼的出现。原始社会时期的人们在饮食活动中开始萌生对精神层面的追求，食品已经初步具有文化的意味。所以我们把这一阶段称为饮食文化的萌芽阶段。

夏商周的成形时期

夏商周时期的饮食文化在很大程度上沿袭了原始社会饮食文化的特点，

原始陶罐

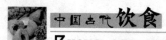
又在发展过程中形成了自己的时代特点。在这近两千年间，食品源得到进一步的扩大。陶制的炊器、饮食器依然占据重要位置，但在上流社会，青铜器已成为主流。烹调技术更加多样化。烹饪理论已形成体系，奠定了后世烹饪理论发展的基础。许多政治家、思想家、哲学家以极大的热情关注和探究饮食文化，并各自从不同的角度阐明自己的饮食观点。在这一阶段，饮食距离单纯的果腹充饥的目的越来越远，其文化色彩越来越浓，人们普遍重视起饮食给人际关系带来的亲和性，宴会、聚餐成为人们酬酢、交往的必要形式，食品的社会功能表现得越来越明显。中国饮食文化的特征在这一阶段都基本具备。

秦汉的初步发展时期

公元前 221 年秦王嬴政经过多年的兼并战争，建立了秦王朝，成为与地中海的罗马、南亚次大陆的孔雀王朝并立而三的世界性大国。秦统一后，采取了"书同文""车同轨""度同制""行同伦""地同域"等措施，极大地促进了不同地区的贸易和文化交流，当然也包括饮食文化。在秦统治的 15 年中，中国的饮食文化随着生产力的提高，进入初步发展阶段。

汉朝初年采取了恢复生产的措施。休养生息，重视农业，兴修水利，普及铁制农具，推广农业生产技术，轻赋税、薄徭役，从而促进了农业的发展，为饮食文化的发展提供了重要的食品原料。张骞出使西域，促进了中外饮食文化的交流，丰富了中国的食物种类。和先秦的饮食文化相比，秦汉时期食品原料的开发引进、烹饪技艺及烹饪产品的探索与创新等方面都表现出前所未有的兴旺景象。

魏晋隋唐的全面发展时期

魏晋隋唐是我国封建社会的繁荣时期。人口迁徙、宗教传播、和亲、对外开放等使中外、国内不同区域、不同民族之间的饮食文化交流空前频繁，从而导致了食品原料结构、进餐方式的改变。佛教的传入和道教的发展促进了素食的发展。植物油的使用极大地促进了炒制这种烹饪方式的发展，发酵技术开始进入主食制作。这一阶段饮食文化也进入自觉，出现了一系列关于饮食文化的专著，肴馔也一改过去只依据制作方法来命名的方式，开始体现出丰富的历史文化内涵，这一阶段的饮食文化体现出全面发展的特征。

宋元明清的成熟时期

从北宋建立到清朝灭亡，这一时期是中国传统饮食文化的成熟阶段，在这一时期，中国传统饮食文化在各个方面都日趋完善，呈现出前所未有的繁荣和鼎盛。

这一时期是古代社会中外饮食文化交流最频繁、影响最大的时期，许多对后世影响巨大的粮蔬作物在这一时期传入中国。食品原料的生产和加工也取得了巨大成就，食品加工和制作技术日趋成熟。商品经济的发展和繁荣、城市经济的发展促进了饮食业的空前繁荣，宋代城市集镇的大兴，尤其是明清商业的发展，促使酒楼、茶肆、食店遍地花开，饮食业迅速发展。最具盛名的苏菜、粤菜、川菜和鲁菜等四大风味菜系形成并具有全国性的影响。菜点和食点的成品艺术化现象不断得到发展，使色、香、味、形、声、器六美备具，而且名称也雅致得体，富有诗情画意。食品加工业的兴旺也已经成为中国饮食文化日趋成熟的重要因素，在全国大中小城市中，普遍有磨坊、油坊、酒坊、酱坊及其他大小手工业作坊。茶文化和酒文化在这一时期也发展到一个新高峰。制曲方法和酿酒工艺都有显著提高，尤其是红曲酶的发明和使用，在世界酿酒史上都是重要的一笔。元代还从海外引进蒸馏技术，从此蒸馏酒成为重要酒种。茶文化发展到宋代，盛行的"斗茶""点茶"等活动，使饮茶成为一种高雅的文化活动。明清流行的"炒青"制茶法和沸水冲泡的瀹饮法，使茶道无论是加工方法，还是品饮方法都焕然一新，从而"开千古饮茶之宗"。同时，文化人的参与，使得这一时期的饮食思想的总结和理论研究也达到了新的高度，著作大量涌现，理论日趋成熟。

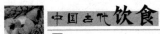
民国至今的繁富时期

　　辛亥革命的炮声，敲响了封建王朝的丧钟，中国饮食文化也在炮声中迈进了它的繁富时期。和前几个时期相比这一时期的时间最短，但饮食文化的发展是最快的。这一方面应归功于世界科学技术的迅猛发展，另一方面归功于中国自觉不自觉的对外开放。在这双重作用下，中国饮食文化的内容发生了天翻地覆的变化。从烹饪原料到烹饪工具，从饮食制作方式到饮食理念，中国饮食文化的内容正在进行着划时代的变革。

知识链接

馒头的由来

　　相传三国时期，蜀国南边的南蛮洞主孟获总是不断来袭击骚扰，诸葛亮便亲自带兵前去征伐。泸水一带人烟极少，瘴气很重以致泸水中有毒。诸葛亮手下有人提出了一个迷信的主意：杀死一些南蛮的俘虏，用他们的头颅去祭泸水的河神。诸葛亮没有采用这个荒唐的主意，但为了鼓舞士气，他想出了另外一个办法：用军中的面粉和成面泥，捏成南蛮人头的模样儿蒸熟，当作祭品来代替俘虏头去祭祀河神，结果竟然奏了效。

　　从那以后，这种面食就流传了下来，并且传到了北方。但是称为"蛮头"实在太吓人了，人们就用"馒"字换下了"蛮"字，写作"馒头"。久而久之，馒头就成了北方人的主食了。

古代饮食民俗

　　饮食民俗指人们在筛选食物原料,加工、烹制和食用食物的过程中,即民族食事活动中所积久形成并传承不息的风俗习惯,也称饮食风俗、食俗。包括年节食俗、日常食俗、人生仪礼食俗、少数民族食俗等。

第一节
古代民族饮食习俗

民族饮食是中华饮食文化不可分割的一部分。我国是一个多民族的国家，各民族在漫长的历史发展过程中，形成了各自独特的本民族饮食，品类繁多、内涵丰富。

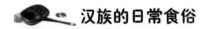 **汉族的日常食俗**

 1. 主食习俗

汉族人口众多，分布区域广，因此，不同区域的汉族有着互不相同的日常饮食习惯。由于各区域出产的粮食作物不同，主食也不一样。米食和面食是汉族主食的两大类型，南方和北方种植稻类的地区以米食为主，种植小麦的地区则以面食为主。此外，各地的其他粮食作物，如玉米、高粱、薯类作物也是不同地区主食的组成部分。汉族主食的制作方法丰富多样，米面制品就有数百种以上。

 2. 菜肴习俗

汉族的菜肴因分布地域的不同，又各不相同。首先，原料具有地方特色，例如，东南沿海的各种海味食品，北方山林的各种山珍野味，广东一带民间的蛇菜蛇宴，西北地区多种多样的牛羊肉菜肴，以及各地一年四季不同的蔬菜果品等，都反映出菜肴方面的地方特色。其次，受到生活环境和口味的影响。例如，喜食辛辣食品的地区，多与种植水田和气候潮湿有关。再次，各地的烹制方法都深受当地食俗的影响，在民间口味的基础上逐步发展为各有特色的地区性菜肴类型，产生了汉族丰富

蛇菜

多彩的烹调风格，最后发展为具有代表性的菜系。川菜、闽菜、鲁菜、淮扬菜、湘菜、浙菜、粤菜、徽菜等各具特色，汇聚成汉族丰富多彩的饮食文化。

 3. 饮品习俗

　　酒和茶是汉族主要的两大饮料。中国是茶叶的故乡，也是世界上发明酿造技术最早的国家之一。酒文化和茶文化在中国源远流长，是构成汉族饮食习俗不可缺少的部分。

　　在汉族的日常饮食中，酒是不可或缺的必备品。汉族有句俗话，"无酒不成宴"，酒可以助兴，可以增加欢乐的气氛。酒是汉族日常生活和各种社会活动中传达感情、增强联系的一种媒质。

　　汉族人饮茶，始于神农时代，有五千多年的历史了。直到现在，中国汉族同胞还有"以茶代礼"的风俗。凡来了客人，沏茶、敬茶的礼仪是必不可少的。在饮茶时，也可适当佐以茶食、糖果、菜肴等，达到调节口味之功效。

 **汉族传统节日美食**

 1. 饺子

　　"舒服不过倒着，好吃不过饺子"，饺子在中华美食中占有十分重要的地

位。饺子是中国人民十分喜爱的传统食品，是传统食品的代表。它的特点是皮薄馅嫩、味道鲜美、形状独特、百食不厌。

在漫长的发展过程中，饺子形成了繁多的名目，古时有"扁食""饺饵""牢丸""粉角"等名称。唐代称饺子为"汤中牢丸"，元代称为"时罗角儿"，明末称为"粉角"，清朝称为"扁食"。而今，我国北方和南方对饺子的称谓也不尽相同，北方人叫"饺子"，南方相当一部分地区却称为"馄饨"。饺子因五花八门的用馅，名称也各不相同，有羊肉水饺、猪肉水饺、牛肉水饺、三鲜水饺、高汤水饺、红油水饺、花素水饺、鱼肉水饺、水晶水饺等。此外，因其成熟方式不同，有水饺、煎饺、蒸饺等。因此，食用饺子无论在精神还是口味上都是一种很好的享受。

2. 年糕

由于年糕的谐音"年高"，寓意着年年要高升，寄予了人们美好的祝愿。有诗这样称颂年糕："年糕寓意稍云深，年岁盼高时时利，虔诚默祝望财临。"

年糕是江浙一带必备的新年食品，种类很多，有桂花糖年糕、水磨年糕、猪油年糕、八宝年糕等。江苏的年糕以苏州最为典型，是用糯米做的，主要是桂花糖年糕与猪油年糕。宁波的年糕在浙江是最为普遍的，主要是晚粳米做的水磨年糕。在我国台湾地区，人们每年也要做年糕、吃年糕。他们是先将糯米、蓬莱米混合、洗净、泡3小时，然后磨成米浆压干，加上砂糖、香蕉油揉匀。要先铺一层玻璃纸在蒸笼底部，把揉好的米粉放在上面，每一个角放一个竹筒用来透汽。蒸两三个小时的时候，用筷子插入米粉中，看看有没有生粉存在。同时要注意随时向锅罩加水，直到蒸熟为止。最后把米糕切块，保存起来慢慢食用。

北方的年糕以甜味为主。用黏高粱米加一些豆类制年糕是东北人的习惯。北京人喜欢用江米或黄米来制作红枣年糕、百果年糕和白年糕。山西北部、内蒙古等地，习惯在过年时吃用黄米粉油炸的年糕，有的还包上豆沙、枣泥等馅。河北人则喜欢在年糕中加入大枣、小红豆及绿豆等一起蒸食。山东人则用黄米、红枣蒸年糕。

 3. 元宵

我国有元宵节吃元宵的风俗。宋代诗人姜白石在《咏元宵》中曾写道："贵客钩帘看御街，市中珍品一时来。"这"市中珍品"就是指元宵。还有这样一首诗《元宵煮浮圆子》曰：

今夕是何夕，团圆事事同。

汤官寻旧味，灶婢诧新功。

星灿乌云里，珠浮浊水中。

岁时编杂咏，附此说家风。

诗中说明了吃元宵象征团圆的意思。一是因为它的形状是圆形，又因它漂在碗里，宛如一轮明月挂在星空。天上月儿圆，碗里汤圆圆，家里人团圆。

 4. 粽子

五月初五，端午节，相传是为了纪念战国时期楚国大臣屈原的。端午节吃粽子，和新年吃饺子一样是传统。全世界各地的华人，不管身在何方，都会按照中华民族的传统，在农历五月初五吃粽子。

粽子的历史可谓久远，自春秋时期已经在民间广为流传了，并且粽子的制作方法还在不断地被更新，不断变幻出新的花样来。现今粽子，一般都用箬壳包糯米，但花色则根据各地特产和风俗而不同了，著名的有桂圆粽、肉粽、莲蓉粽、水晶粽、板栗粽、蜜饯粽、辣粽、酸菜粽、火腿粽、咸蛋粽等。

以下是最具代表性的五大名粽。

广东粽子：个头大，外形别致。不仅有豆沙粽、鲜肉粽，还有什锦粽。什锦粽是用鸡肉丁、鸭肉丁、绿豆蓉、叉烧肉、冬菇、蛋黄等调配为馅料制作而成的。

闽南粽子：厦门、泉州的烧肉粽、碱水粽都是驰名中外的名粽。烧肉粽的粽米一定得是上等粳米才行，猪肉首选五花肉，先卤得又香又烂，再加上虾米、香菇、莲子及卤肉汤、白糖等，吃时蘸调蒜泥、芥辣、红辣酱、萝卜酸等多样作料，香甜嫩滑，油润而不腻。

宁波粽子：四角形，有碱水粽、赤豆粽、红枣粽等品种。其代表品种碱水粽，是在糯米中加入适量的碱水，用老黄箬叶裹扎。煮熟后糯米变成浅黄色，可蘸白糖吃，清香可口。

嘉兴粽子：长方形，有鲜肉粽、豆沙粽、八宝粽等品种。如鲜肉粽，常在瘦肉内夹进一块肥肉，粽子煮熟后，肥肉的油渗入米内，入口肥而不腻。

北京粽子：是北方粽子的代表品种，其个头较小，为斜四角形。北郊农村，习惯吃大黄米粽，黏韧而清香，多以红枣、豆沙为馅。

粽子不仅仅是中国有，国外也有。不过，不同的国家料理方式不一样，因此国外的粽子也有其独特的风味。

 5. 月饼

农历八月十五是中华民族传统的节日——中秋节，在中国，中秋节是仅

月饼

次于春节的第二大传统节日。相传源于嫦娥奔月的典故。在中秋夜，月亮圆，人们更盼望人团圆，所以中秋节又被称为团圆节。中秋佳节，人们品尝月饼，怀旧思乡，渴望团圆，已成为中华民族的一种古老风俗。于是，月饼就有了丰富的文化内涵。

月饼品种繁多，按口味来分，有麻辣味月饼、甜味月饼、咸味月饼、咸甜味月饼；按产地来分，有京式月饼、苏式月饼、广式月饼、潮式月饼、宁式月饼、滇式月饼等；按月饼馅心分，有豆沙月饼、五仁月饼、芝麻月饼、冰糖月饼、火腿月饼等；按饼皮分，则有混糖皮月饼、浆皮月饼、酥皮月饼等；就造型来讲，有光面月饼、花边月饼和孙悟空、老寿星月饼等。

综观中国国内的月饼市场，从南到北，可以看到，月饼文化色彩比过去更加浓郁，文化品位也远远超过了过去。另外，一个最为显著的特点是月饼越来越显得高雅，表现为现在包装方式的精致典雅、古色古香。从简易包装到塑料包装，从印制精美的纸盒到绝妙精巧的金属盒，可以说，这也是月饼文化的又一大迈进。

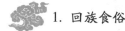 **少数民族的日常食俗**

中国疆域辽阔，民族众多，除汉族外，还有 55 个少数民族。各少数民族由于居住地区的自然环境不同，以及生活方式、风俗习惯的差异，他们的饮食种类、制作方式、礼俗形式、饮食观念和思想等也各不相同，从而形成了各自的饮食文化模式，即使是同一民族，也因居住地域不同而存在明显的差别。这里简单介绍以下几个主要少数民族的饮食习俗。

1. 回族食俗

回族散居在我国的许多地区。北方的回族以面食为主，南方的回族以米食为主，也吃其他杂粮。饭食品种多为面条、馒头、包子、烙饼、水饺、干饭、稀饭；还有烧锅、花卷、连锅面、揪面片、干捞面、臊子面等。

菜食也因地区而异，南方多食鲜蔬，与汉族没有什么区别；北方多吃土

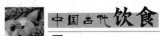

豆、白菜、萝卜、豆腐、腌酸菜和酱咸菜。肉食品主要是牛羊肉。回族口味注重咸鲜、酥香、软烂、醇浓，强调生熟分开、咸甜分开和冷热分开。他们创造的"清真菜""清真小吃""清真糕点"，是中国烹饪和中国食品中的一个重要风味流派，享有很高的社会声誉。清真菜选料严谨，工艺精细，口味咸鲜，汁浓味厚，肥而不腻。

 2. 蒙古族食俗

我国的蒙古族主要分布在内蒙古自治区，在新疆、青海、甘肃等地也有。蒙古族，每餐都离不开奶与肉，即"白食"和"红食"。白食指以奶为原料制成的食品，分为饮用的和食用的。饮用的如鲜奶、酸奶、奶酒；食用的如奶皮子、奶酪、奶酥、奶油、奶酪丹（奶豆腐）等。红食是以肉类为原料制成的食品，有整羊背子、手扒羊肉、羊肉串、涮羊肉等。在日常饮食中与红

蒙古族奶茶

食、白食占有同样重要位置的是蒙古族的特有食品——炒米。

蒙古族每天都离不开茶，除饮红茶外，还有饮奶茶的习惯。蒙古族的奶茶有时还要加黄油或奶皮子或炒米等，味道芳香，咸爽可口，而且含有多种营养成分。蒙古族还喜欢将很多野生植物的果实、叶子、花煮在奶茶中，风味各异，有的还有防病治病的功效。

 3. 朝鲜族食俗

朝鲜族主要分布在吉林省，其次是黑龙江省、辽宁省、内蒙古自治区。朝鲜族多以大米、小米为主食。喜欢吃干饭、打糕、冷面。朝鲜族人多吃狗肉、猪肉、泡菜、咸菜，山上的野鸡、野兔、野菜和山药，海里的海带、银鱼、紫菜，都是朝鲜族人爱吃的。

朝鲜族日常菜肴是"八珍菜"和"酱木儿"（大酱菜汤）等。"八珍菜"是用绿豆芽、黄豆芽、水豆腐、干豆腐、粉条、桔梗、蕨菜、蘑菇八种原料，经炖、拌、炒、煎制成的菜肴。朝鲜族饭桌上每顿饭都少不了汤，一般是喝大酱菜汤。大酱菜汤的主要原料是小白菜、秋白菜、大头菜、海菜（带）等，并以酱代盐，加水煮熟即可食用。

 4. 土家族食俗

土家族主要分布在湖南、湖北、重庆、贵州四地毗连的武陵山地区，他们聚居在山里，以务农为主，也从事渔猎和采集。因此，土家族取山之所产，吃山之所长，办山之风味，颇富山地民族的饮食文化和风情。

土家族平时每日三餐，闲时一般吃两餐；春夏农忙、劳动强度较大时吃四餐。例如，插秧季节，早晨要加一顿"过早"，"过早"大多是糯米做的汤圆或绿豆粉一类的小吃。日常主食除米饭外，以苞谷饭最为常见。有时吃豆饭，粑粑和团馓也是土家族季节性的主食。喜好酸辣是土家民族饮食的一大特色，故有"三天不吃酸和辣，心里就像猫儿抓，走路脚软眼也花"的说法。

茶和酒是土家族的生活必需品，茶的种类有油茶汤、凉水甜酒茶、凉水

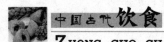
蜂蜜茶、姜汤茶、锅巴茶、绿茶等。土家族人善煮酒和豪饮，酿酒种类繁多，并且有特殊的喝酒习惯，如饮用时，揭开酒坛盖，兑上凉水，插入一支竹管，轮流吸饮，别有一番情趣。

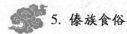

5. 傣族食俗

傣族主要聚居在中国西南部的云南省西双版纳傣族自治州等地。傣族饮食的主食、副食丰富多彩，具有品种多、酸辣、香的特点。

傣族地区以产米著称，以食稻米为主，一日三餐皆吃米饭。大部分佐餐菜肴及小吃均以酸味为主，如酸笋、酸豌豆粉、酸肉及野生的酸果。喜欢吃干酸菜，据说傣族之所以常食酸味菜肴，是因为他们常吃不易消化的糯米食品，而酸味食品有助于消化。傣族地区潮湿炎热，昆虫种类繁多，用昆虫为原料制作的风味菜肴和小吃，是傣族食物的重要部分。常食用的昆虫有蝉、竹虫、大蜘蛛、田鳖等。

饮酒是傣族的一种古老风俗，傣族男子皆善酿酒。所饮之酒多为家庭自酿，全用谷米酿制，一般度数不高，味香甜。茶是傣族地区的特产，西双版纳是普洱茶的故乡，所以傣族皆有喝茶的嗜好，家家的火塘上常煨有一罐浓茶，可随时饮用和招待客人。

6. 黎族食俗

黎族主要聚居在中国南部的海南省五指山地区，习惯一日三餐，主食大米，有时也吃一些杂粮。黎族习惯将收割的稻穗储于仓中，吃时拿一把在木臼中脱粒。他们喜欢将猎获的野味、瘦肉混以香糯米和少量的盐，放进竹筒烧成香糯饭，香糯饭味道可口，是招待宾客的珍美食品。黎家人喜爱吃鼠肉，无论是山鼠、田鼠、家鼠、松鼠均可捕食。黎族人习惯将捕来的鼠烧去毛，除去内脏洗净，内放些盐、生姜等作料，在火上烤熟或煮熟吃。

黎族人大多爱喝酒，所饮的酒多是家酿的低度米酒、番薯酒和木薯酒等。用山兰米酿造的酒是远近闻名的佳酿，常作为贵重的礼品馈赠亲友。黎家人常用这种酒款待贵宾。

7. 侗族食俗

侗族分布在中国南部的贵州、湖南、广西三省（区）毗邻处。侗族大多日食四餐，两饭两茶。饭以米饭为主体，平坝多吃粳米，山区多吃糯米。他们将各种米制成白米饭、花米饭、光粥、花粥、粽子、糍粑等，吃时不用筷子，用手将饭捏成团食用，称为"吃抟饭"。蔬菜大多制成酸菜。制作酸菜有坛制和筒制两种，坛制是指将淘米水装入坛内，置于火塘边加温，使其发酵，制成酸汤，然后用酸汤煮鱼虾、蔬菜，作为日常菜肴。

饮料主要是家酿的米酒，以及茶叶、果汁。侗族成年男子，普遍喜爱饮酒，所饮酒类大多是自家酿制的米酒，度数不高，淡而醇香。侗族人喝的茶专指油茶，它是用茶叶、米花、炒花生、酥黄豆、糯米饭、猪肉、猪下水、盐、葱花、茶油等混合制成的稠浓汤羹，既能解渴，又可充饥。

8. 满族食俗

满族居全国少数民族人口的第二位，主要集中在我国东北的辽宁省。满族民间农忙时日食三餐，农闲时日食两餐。主食多为小米、高粱米、粳米做的干饭，喜欢在饭中加小豆或粑豆，如高粱米豆干饭。有的地区以玉米为主食，喜欢用玉米面发酵做成"酸汤子"。东北大部分地区的满族还有吃水饭的习惯，即在做好高粱米饭或玉米饭后用清水过一遍，再泡入清水中，吃时捞出，盛入碗内，清凉可口，这种吃法多是在夏季。饽饽是用黏高粱米、黏玉米、黄米等磨成面制作的，有豆面饽饽、搓条饽饽、苏叶饽饽、菠萝叶饽饽、牛舌饽饽、年糕饽饽、水煮饽饽等。满族的饽饽历史悠久，清代即成为宫廷主食。其中最具代表

栗子面窝窝头

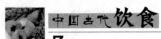
性的是御膳"栗子面窝窝头",又称"小窝头"。

北方冬天天气寒冷,没有新鲜蔬菜,满族民间常以秋冬之际腌渍的大白菜(即酸菜)为主要蔬菜。酸菜熬白肉、粉条是满族入冬以后常吃的菜肴。酸菜可用熬、炖、炒和凉拌的方法食用,用酸菜下火锅别具特色。酸菜也可做馅包饺子。

 9. 壮族食俗

壮族主要分布在广西壮族自治区,其次是云南、广东、贵州、湖南等省。大米、玉米是壮族地区盛产的粮食,自然成为他们的主食。

甜食是壮族食俗中的又一特色。糍粑、五色饭、水晶包(一种以肥肉丁加白糖为馅的包子)等均要用糖,连玉米粥也往往加上糖。

日常蔬菜有瓜苗、瓜叶、大白菜、小白菜、油菜、芥菜、生菜、芹菜、菠菜、芥蓝、蕹菜、萝卜、苦麻菜,甚至豆叶、红薯叶、南瓜苗、南瓜花、豌豆苗也可以为菜。壮族对任何禽畜肉都不禁吃,如猪肉、牛肉、羊肉、鸡、鸭、鹅等,有些地区还酷爱吃狗肉。

 10. 苗族食俗

苗族主要分布在贵州、湖南、云南、湖北、海南、广西等地。大部分地区的苗族一日三餐,以大米为主食。苗族的菜肴种类繁多,常见的蔬菜有豆类、瓜类和青菜、萝卜,苗族都善于制作豆制品。肉食多来自家畜、家禽饲养。各地苗族普遍喜食酸味菜肴,酸汤家家必备。酸汤是用米汤或豆腐水,放入瓦罐中3~5天发酵后,即可用来煮肉、煮鱼、煮菜。苗族的食物保存,普遍采用腌制法,蔬菜、鸡、鸭、鱼、肉都喜欢腌成酸味的。苗族几乎家家都有腌制食品的坛子,统称酸坛。典型食品主要有血灌汤、辣椒骨、苗乡龟凤汤、绵菜粑、虫茶、万花茶、捣鱼、酸汤鱼等。

苗族酿酒历史悠久,从制曲、发酵、蒸馏、勾兑直到窖藏都有一套完整的工艺。日常饮料以油茶最为普遍,酸汤也是常见的饮料。

知识链接

东乡族食俗

过去，东乡族以土豆为主食，其次是青稞、糜谷等。常吃一种由青稞、糜谷、大小豆等杂粮面做成的糊状食物——"散饭"。不吃猪、骡、马、驴、狗及其他凶猛禽兽的肉类和动物的血，不吃自然死亡的牛、羊、鸡、鸭等。嗜饮紫阴茶和细毛光茶（绿茶），一日三餐均在炕上进行。媳妇则只在厨房就餐。

 少数民族的节日食俗

我国各少数民族的节日食俗，各自有着自己的民族特色。下面仅对部分少数民族的节日食俗进行简单介绍。

 1. 蒙古族的节日食俗

（1）马奶节食俗

马奶节是蒙古族的传统节日，以喝马奶酒为主要内容。流行于内蒙古锡林郭勒盟和鄂尔多斯的部分牧区。除准备足够的马奶酒外，还以"手把肉"款待宾客。

（2）过年食俗

除夕吃"手把肉"是蒙古族传统习俗，以示合家团圆。除夕晚上吃年夜饭时，一家人把煮好的整羊摆到案头，把羊头放在整羊上面，羊头朝向年纪最长、辈分最高的长者。户主用刀在羊头的额部划一个"十"字后，全家人

开始享受丰盛的晚餐。喝酒，是蒙古族过除夕必不可少的程序。蒙古族的年夜饭，按常规要多吃多喝。民间还流行年夜饭的酒肉剩得越多越好的说法，象征新的一年全家酒肉不竭，吃喝不愁。

2. 维吾尔族的节日食俗

（1）古尔邦节食俗

维吾尔族同其他信仰伊斯兰教的民族一样，特别重视宗教节日。尤其视"古尔邦节"为大年，庆祝活动极为隆重，沐浴礼拜，宰牛杀羊馈赠亲友，接待客人。节日的宴席上，主要有手抓饭、馓子、手抓羊肉、各式糕点、瓜果等。维吾尔族人喜食水果，这与新疆盛产葡萄、哈密瓜、杏、苹果等果品有关，可以说瓜果是维吾尔族人民的生活必需品。古尔邦节要在肉孜节后的第70天举行。节日期间，家境稍好一点的家庭，都要宰一只羊，有的还宰牛、宰骆驼。宰杀的牲畜肉不能出卖，除将规定的部分送交寺院和宗教职业者外，剩余的用作招待客人和赠送亲友。

（2）肉孜节食俗

肉孜节意译为"开斋节"。按伊斯兰教教规，节前一个月开始封斋，即在日出后至日落前不准饮食，期满30天开斋，恢复白天吃喝的习惯。开斋节前，各家习惯炸馓子、油香，烤制各种点心，准备节日食品。节日期间人人都穿新衣服，戴新帽，相互拜节祝贺。

3. 土家族的节日食俗

过年是土家族最大的节日，从腊月二十三过小年开始，到正月十四、十五结束。过大年的时间比汉族提前一天。故又称"赶年"。

过年的方式很特别：土家人杀年猪后，把猪放在门角后，用蓑衣盖上，一人持刀守候。若有人从门前经过，即拿刀追赶。赶上了就拉到家里吃一顿肉。过年时，肉不细解，吃大块肉，菜不分炒，吃"合菜"，喝大碗酒，年饭用大蒸笼蒸好，吃数日，团年时，关上门，抓紧吃喝，不许说话。

4. 壮族的节日食俗

壮族几乎每个月都要过节，但最隆重的节日莫过于春节，其次是七月十五中元鬼节、三月三歌节、八月十五中秋节，还有端午、重阳、尝新、冬至、牛魂、送灶等。

（1）春节食俗

过春节一般在腊月二十三过送灶节后便开始着手准备，要把房子打扫得窗明几净，二十七宰年猪，二十八包粽子，二十九做糍粑。除夕晚，在丰盛的菜肴中最富特色的是整煮的大公鸡，家家必有。壮族人认为，没有鸡不算过年。年初一喝糯米甜酒、吃汤圆（一种不带馅的元宵，煮时水里放糖），初二以后方能走亲访友，相互拜年，互赠的食品中有糍粑、粽子、米花糖等，一直延续到"正月十五元宵节"，有些地方甚至到正月三十，整个春节才算结束。

（2）三月三食俗

三月三按过去的习俗为上坟扫墓的日子，届时家家户户都要派人携带五

传统打糍粑

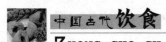

色糯米饭、彩蛋等到先祖坟头去祭祀、清扫墓地，并由长者宣讲祖传家史、族规，共进野餐。有的还对唱山歌，热闹非凡。1940年后，这一传统已逐步发展为有组织的赛歌会，气氛更加隆重、热烈。"包菜"是三月三壮族人爱吃的节日食品，又称"包生饭"，即用"包生菜"的宽嫩叶包上一小口饭，放入口中嚼吃，颇有独特风味。

壮族的其他节日食俗也都各有讲究，各具特色，比如中元吃鸭、端午吃粽、重阳吃粑等。

 5. 苗族的节日食俗

（1）苗年食俗

过苗年的日期，各地不尽相同，但都是在收谷子进仓以后，即分别为农历的九月、十月或十一月的辰（龙）日或卯（兔）日或丑（牛）日举行。过苗年的头几天，家家户户都要把房子打扫干净，积极准备年货，如打糯米粑、酿米酒、打豆腐、发豆芽，一般还要杀猪或买猪肉等。富裕的人家，还要做香肠和血豆腐，为家人缝做新衣服等。在苗年三十的晚上，全家都要在家吃年饭，守岁到午夜才打开大门放鞭炮，表示迎接龙进家。在天刚拂晓时，每家都由长辈在家主持祭祖。早餐后，中青年男子便去邻居家拜年，苗语称为"对仰"，表示"祝贺新年快乐"。

（2）吃新节食俗

吃新节主要流行于贵州黔东南苗族侗族自治州和广西融水苗自治县地区。每年农历六七月间，当田里稻谷抽穗的时候，苗族村寨家家户户在卯日（有的在午日或辰日）欢度"吃新节"。届时，每家都煮好糯米饭、一碗鱼、一碗肉等，摆在地上（也有的摆在桌上），并在自己的稻田里采摘7～9根稻苞来放在糯米饭碗边上，然后烧香、烧纸，由长者掐一丁点儿鱼肉和糯米饭抛在地上，并滴几滴酒，以表示敬祭和祈祷丰收，然后把摘来的稻苞撕开，挂两根在神龛上，其余给小孩撕开来吃，全家人就高高兴兴地共进美餐。第二天，各村寨的男女老幼者纷纷穿着新衣观看芦笙会，跳芦笙舞；有的拉马到马场赛马，有的牵水牯牛到斗牛场斗牛。

6. 藏族的节日食俗

（1）藏历年食俗

藏族人民所过新年节日，与汉族春节完全不同。一进入农历十二月，家家户户就开始为新年做准备。

十二月二十九日进入除夕。这天，要给窗户和门换上新布帘，在房顶插上簇新的经幡，门前、房梁和厨房也要用白粉画上"十"字符号等吉祥图案，构成一派喜庆的气氛。

入夜时分，全家老小围坐在一起吃一顿例行的"古突"（类似汉族新年的团圆饭）。"古突"是用面疙瘩、羊肉、人参果煮成的稀饭。家庭主妇在煮饭前悄悄在一些面疙瘩里分别包进石头、羊毛、辣椒、木炭、硬币等物品。谁吃到这些东西必须当众吐出来，预兆此人的命运和心地。石头代表心狠，羊毛代表心软，木炭代表心黑，辣椒代表嘴巴不饶人，硬币预示财运亨通。于是大家相互议论，哈哈大笑一场，掀起欢乐的高潮。接着，全家用糌粑捏制一个魔女和两个碗，把吃剩的"古突"和骨头等残渣倾入用糌粑捏成的碗里，由一名妇女捧着魔女和残羹剩饭跑步扔到室外，一个男人点燃一团干草紧紧相随，口里念着"魔鬼出来，魔鬼出来！"让干草与魔女和残羹剩饭一起烧成灰烬。与此同时，孩子们放起鞭炮，算是驱走恶魔，迎来了吉祥的新年。

（2）雪顿节食俗

每年藏历六月底七月初，是西藏传统的雪顿节。在藏语中，"雪"是酸奶子的意思，"顿"是"吃""宴"的意思，雪顿节按藏语解释就是吃酸奶子的节日，因此又叫"酸奶节"。

人们在树荫下搭起色彩斑斓的帐篷，在地上铺上卡垫、地毯，摆上果酒、菜肴等节日食品。有的边谈边饮，有的边舞边唱。下午各家开始串幕做客，主人向客人敬三口干一杯的"松准聂塔"酒，在劝酒时，唱起不同曲调的酒歌，在各个帐篷内，相互敬酒，十分热闹。

第二节
不同阶层人群的饮食生活

 宫廷饮食文化

　　任何社会，统治阶级的思想就是占统治地位的思想，作为统治阶级，封建帝王不仅将自己的意识形态强加于其统治下的臣民，以示自己的至高无上，而且同时还要将自己的日常生活行为方式标新立异，以示自己的绝对权威。作为饮食行为，也就无不渗透着统治者的思想和意识，表现出其修养和爱好，这样，就形成了独具特色的宫廷饮食。

　　首先，宫廷饮食的特点是选料严格，用料严格。如早在周代，宫廷就已有职责分工明确的专人负责皇帝的饮食，《周礼注疏·天官冢宰》中有"膳夫、庖人、外饔、亨人、甸师、兽人、渔人、腊人、食医、疾医、疡医、酒正、酒人、凌人、笾人、醢人、盐人"等条目，目下分述职掌范围。这么多的专职人员，可以想见当时饮食用料选材备料的严格。不仅选料严格，而且用料精细。早在周代，统治者就食用"八珍"，而越到后来，统治者的饮食越精细、珍贵。如信修明在《宫廷琐记》中记录的慈禧太后的一个食单，其中仅燕窝的菜肴就有六味：燕窝鸡皮鱼丸子、燕窝万字全银鸭子、燕窝寿字五柳鸡丝、燕窝无字白鸭丝、燕窝疆字口蘑鸭汤、燕窝炒炉鸡丝。

　　其次，烹饪精细。一统天下的政治势力，为统治者提供了享用各种珍美饮食的可能性，也要求宫廷饮食在烹饪上要尽量精细；而单调无聊的宫廷生活，又使历代帝王多数都比较体弱，这就又要求其在饮食的加工制作上更加

一品海参

精细。如清宫中的"清汤虎丹"这道菜，原料要求选用小兴安岭雄虎的睾丸，其状有小碗口大小，制作时先在微开不沸的鸡汤中煮三个小时，然后小心地剥皮去膜，将其放入调有作料的汁水中腌渍透彻，再用专门特制的钢刀、银刀平片成纸一样的薄片，在盘中摆成牡丹花的形状，佐以蒜泥、香菜末而食。由此可见烹饪的精细。

再次，花色品种繁杂多样。慈禧的"女官"德龄所著的《御香缥缈录》中说，慈禧仅在从北京至奉天的火车上，临时的"御膳房"就占四节车厢，上有"炉灶五十座""厨子下手五十人"，每餐总共"备正菜一百种"，同时还要供"糕点、水果、粮食、干果等亦一百种"，因为"太后或皇后每一次正餐必须齐齐整整地端上一百碗不同的菜来"。除了正餐，"还有两次小吃""每次小吃，至少也有二十碗菜，平常总在四五十碗左右"，而所有这些菜肴，都是不能重复的，由此可以想象宫廷饮食花色品种的繁多。

宫廷饮食规模的庞大、种类的繁杂、选料的珍贵及厨役的众多，必然带来人力、物力和财力上极大的铺张浪费。

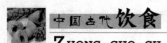
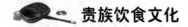 贵族饮食文化

贵族的饮食生活远不止于饮馔，他们常通过饮食获得多方面的享受。

官府贵族饮食，虽没有宫廷饮食的铺张、刻板和奢侈，但也是竞相斗富，多有讲究"芳饪标奇""庖膳穷水陆之珍"的特点。

贵族家庭的肴馔也有其独特性。曹丕《典论》中云："一世长者知居处，三世长者知服食。"后来这句话演化为："三辈子做官，方懂得穿衣吃饭。"也就是说饮食肴馔的精美要经过几代的积累。中国第一部关于饮馔的著作《食经》，出自北魏崔浩之手。崔浩在书中总结的烹调经验主要是来自其母卢氏。卢家原是当时北方大族，卢氏后嫁到崔家，崔家也为北方大族，于是卢氏在卢崔两家烹饪经验的基础上加以改进提升，此书代表了当时烹饪的最高水平。后代许多食单、食谱都出于贵族之家。《红楼梦》作者曹雪芹的祖父曹寅就刊刻过《居常饮馔录》，这套丛书包括宋、元、明三代许多重要的饮食著作。

贵族饮食以孔府菜和谭家菜最为著名。

孔府历代都设有专门的内厨和外厨。在长期的发展过程中，其形成了饮食精美、注重营养、风味独特的菜肴。这无疑是孔老夫子"食不厌精，脍不厌细"祖训的影响。

孔府宴的另一个特点，是无论菜名，还是食器，都具有浓郁的文化气息。如"玉带虾仁"表明了孔府地位的尊荣。在食器上，除了特意制作了一些富于艺术造型的食具外，还镌刻了与器形相应的古诗句，如在琵琶形碗上镌有"碧纱待月春调珍，红袖添香夜读书"。所有这些，都传达了天下第一食府饮食的文化品位。

"孔府菜"是孔府饮馔中历代相传的独有名菜，有一二百种。且不说用料名贵的红扒熊掌、神仙鸭子、御笔猴头、扒白玉脊翅、菊花鱼翅之类，自然烹调精致，用料考究，显示出孔府既富且贵的地位；就是许多用料极为平常的菜肴，但由于烹饪手法独特，粗菜细做，也令人大开眼界。

孔府肴馔多与孔家历史及独特地位密切相关。清朝孔家后裔被封为当朝一品官，号称文臣之首。故孔家肴馔中有不少主菜以"一品"命名，如"当朝一品锅""燕菜一品锅""素菜一品锅""一品豆腐""一品海参""一品丸子""一品山药"。

孔府菜肴从原料到烹饪风味、所用调料都与山东菜系相近，但比山东菜更富丽典雅、精巧细致，可以说是鲁菜中的阳春白雪。

另一久负盛名、保存完整的贵族饮食，当属谭家菜。谭家祖籍广东，又久居北京，故其肴馔集南北烹饪之大成，既属广东系列，又有浓郁的北京风味，在清末民初的北京享有很高声誉。谭家菜的主要特点是选材用料范围广泛，制作技艺奇异巧妙，而尤以烹饪各种海味为著。谭家菜的主要制作要领是调味讲究原料的原汁原味，以甜提鲜，以咸引香；讲究下料狠，火候足，故菜肴烹时易于软烂，入口口感好，易于消化；选料加工比较精细，烹饪方法上常用烧、燔、烩、焖、蒸、扒、煎、烤诸法。贵族饮食在长期的发展中形成了各自独特的风格和极具个性化的制作方法。

文人士大夫饮食文化

南北朝以前，"士大夫"指中下层贵族，隋唐以后，随着庶族出身的知识分子走上政治舞台，这个词便逐渐成为一般知识分子的代称。

知识分子的经济地位、生活水平与贵族无法比拟，但大多也衣食不愁，有充裕的精力和时间研究生活艺术。他们有较高的文化教养，敏锐的审美感受，并对丰富的精神生活有所追求，这也反映在他们的饮食生活中。他们注重饮馔的精致卫生，喜欢素食，讲究滋味，注重鲜味和进餐时的环境氛围，但不主张奢侈糜费。可以说士大夫的饮食文化是中国饮食文化精华之所在。

唐代士大夫的饮食生活尚存古风，比较注重大鱼大肉，狂呼滥饮。如李白的"烹牛宰羊且为乐，会须一饮三百杯"（《将进酒》），杜甫的"饔子左右挥双刀，脍飞金盘白雪高"（《观打渔歌》），饮食生活是粗糙的，但也是豪放的。

中唐以后，随着士大夫对闲适生活的渴求，与此相适应的是对高雅饮食生活的向往。反映到诗文中，如韦应物的"涧底束荆薪，归来煮白石。欲持一杯酒，远慰风雨夕"（《寄全椒山中道士》），白居易的"绿蚁新醅酒，红泥小火炉。晚来天欲雪，能饮一杯无"（《问刘十九》）。这种细酌慢饮伴以温煦

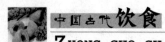

情绪的精致的饮食生活，正是后代士大夫所追求的，但未必所有士大夫都能理解。唐代大多数士大夫仍十分关注外部世界，梦想建功立业，还无暇在自己个人的小天地中更多地设计日常的生活艺术。

宋代是士大夫数量猛增、意识转变的时代。宋及以后的士大夫再也没有唐代士大夫那样飞扬踔厉的外向精神，即使以功业自诩并深受神宗信任、得以秉政多年的王安石，也时时徘徊于禅、儒之间。他们更关注的是自己内心世界的协调，饮食生活从以前的不屑一顾变为"热门话题"，乃至被大谈特谈了。例如"饕餮"这个是历来为人们所不齿的"不才子"，宋代大名鼎鼎的苏轼却公然以"饕餮"自居，并在《老饕赋》中公开宣称"盖聚物之天美，以养吾之老饕"。从此"老饕"这个词遂变成褒义，用以称呼那些追逐饮食而又不故作风雅的文士。

注重素食是宋代士大夫饮食生活中的一个重要特点。宋代士大夫几乎没有不赞美素食的，苏轼、黄庭坚、陈师道、洪适、朱熹、楼钥、陆游、杨万里、范成大无不如此。宋代士大夫常把一切提到修身和从政的高度。黄庭坚为蔬菜画写的题词云："可使士人大知此味，不使吾民有此色。"朱熹进一步发挥说："吃菜根百事可作。"

自宋代士大夫关注饮食生活之风以后，元明清三代承袭宋人成果，并在此基础上形成了有别于贵族和市井的独特的士大夫饮食文化。

元明两代基本是继承宋士大夫余绪，另外还有一个显著特点，即关于饮食的著作增多。

明代士大夫热心于设计更为艺术化的生活，在饮酒和饮茶上都有足够的著作说明这一点，但在烹饪及关于吃的文化的设计上却缺少相应的进展。

清代，江南一些士大夫承晚明之风把饮食生活搞得十分艺术化，超过了以往的任何时代。

市井百姓饮食文化

市井饮食是随着城市贸易的发展而发展的，所以其首先是在大、中、小城市、州府、商埠以及各水陆交通要道发展起来的，这些地方发达的经济、便利的交通、云集的商贾、众多的市民，以及南来北往的食物原料、四通八达的信息交流，都为市井饮食的发展提供了充分的条件。如唐代的洛阳和长安、两宋的汴京、临安、清代的北京，都汇集了当时的饮食精品。

市井饮食具有技法各样、品种繁多的特点。如《梦粱录》中记有南宋临安当时的各种熟食839种。而烹饪方法上，仅《梦粱录》所录就有蒸、煮、熬、酿、煎、炸、焙、炒、燠、炙、鲊、脯、腊、烧、冻、酱、焐、共18类，而每一类下又有若干种。当时饮食不仅满足不同阶层人士的饮食需要，还考虑到不同时间的饮食需要。因为市井饮食的对象主要是当时的坐贾行商、贩夫走卒，而这些人来去匆匆，行迹不定，所以随来随吃、携带方便的各种大众化小吃便极受欢迎。

中国老百姓日常家居所烹饪的肴馔，即民间菜是中国饮食文化的渊源，多少豪宴盛馔，如追本溯源，当初皆源于民间菜肴。民间饮食首先是取材方便随意。或入山林采鲜菇嫩叶、捕飞禽走兽，或就河湖网鱼鳖蟹虾、捞莲子菱藕，或居家烹宰牛羊猪狗鸡鹅鸭，或下地择禾黍麦粱野菜地瓜，随见随取、随食随用。选材的方便随意，必然带来制作方法的简单易行，一般是因材施烹，煎炒蒸煮、烧烩拌泡、脯腊渍炖，皆因时因地。如北方常见的玉米，成熟后可以磨成面粉、烙成饼、蒸成馍、压成面、熬成粥、掺成饭，也可以用整颗粒的炒了吃，也可以连棒煮食、烤食。民间菜以适口实惠、朴实无华为特点，任何菜肴，只要首先能够满足人生理的需要，就成为了"美味佳肴"。清代郑板桥在其家书中描绘了自己对日常饮食的感悟：天寒冰冻时，穷亲戚朋友到门，先泡一大碗炒米送手中，佐以酱姜一小碟，最是暖老温贫之具。暇日咽碎米饼，煮糊涂粥，双手捧碗，缩颈而啜之，霜晨雪早，得此周身俱暖。嗟乎！嗟乎！吾其长为农夫以没世乎！如此寒酸清苦的饮食，竟如此美妙，就是因为它能够满足人的基本需求。

市井是与商人贾贩相联系的，商人来去匆匆，行迹不定，小吃点心最合乎他们的需要。因为小吃多为成品，随来随吃，携带也很方便。这就是当时的"快餐"。

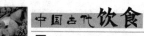

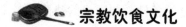 **宗教饮食文化**

许多民族都有自己的宗教信仰，每一种宗教在其传播的初始阶段，除了宣传其既定的教理之外，还要通过一定的建筑、服饰、仪式及饮食将信徒同其他群体区别开来。单就饮食看，通过长期的发展，逐渐形成了独具特色的宗教饮食风格。在中国文化中，宗教饮食主要指的是道教、佛教和伊斯兰教的饮食。

道教起源于原始巫术和道家学说，所以道教饮食深受道家学说的影响。道家认为人是禀天地之气而生，所以应"先除欲以养精、后禁食以存命"，在日常饮食中禁食鱼羊荤腥及辛辣刺激之食物，以素食为主，并尽量地少食粮食等，以免使人的先天元气变得混浊污秽，而应多食水果，因为"日啖百果能成仙"。道家饮食烹饪上的特点就是尽量保持食物原料的本色本性，如被称

手抓羊肉

为"道家四绝"之一的青城山的"白果炖鸡"，不仅清淡新鲜，且很少放作料，保持了其原色原味。

佛教在印度本土并不食素，传入中国后与中国的民情风俗、饮食传统相结合，形成了其独特的风格。其特点首先是提倡素食，这是与佛教提倡慈善、反对杀生的教义相一致的。其次，茶在佛教饮食中占有重要地位。由于佛教寺院多在名山大川，这些地方一般适于种茶、饮茶，而茶本性又清淡醇雅，具有镇静清心、醒脑宁神的功效，于是，种茶不仅成为僧人们体力劳动、调节日常单调生活的重要内容，也成为了培育其对自然、生命热爱之情的重要手段，而饮茶，也就成为了历代僧侣漫漫青灯下面壁参禅、悟心见性的重要方式。再次，佛教饮食的特点是就地取材，佛寺的菜肴，善于运用各种蔬菜、瓜果、笋、菌菇及豆制品为原料。

伊斯兰教教义中强调"清静无染""真乃独一"，所以其饮食习惯自成一格，其菜肴称为"清真菜"。穆斯林严格禁食猪肉、自死物、血，以及十七类鸟兽及马、骡、驴等平蹄类动物。所以清真菜以对牛、羊肉丰富多彩的烹饪而著名，如光是羊肉，就有烧羊肉、烤羊肉、涮羊肉、焖羊肉、腊羊肉、手抓羊肉、爆炒羊肉、烤羊肉串、汤爆肚仁、炸羊尾、烤全羊、滑溜里脊等。清真系列中还有一些小吃也颇具特色，如北京的锅贴、羊肉水饺，西安的羊肉泡馍，兰州的牛肉面、酿皮，新疆的烤馕、烤包子，也别具风味。

知识链接

杨贵妃与"贵妃鸡"

陕西有一种名叫"贵妃鸡"的美味菜肴，民间又称其为"烩飞鸡""贵妃鸡翅""酒焖鸡翅"。这道菜以鲜嫩的母鸡为主料，添加上好的红葡萄酒一起烹制而成，味道鲜美异常。

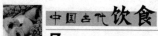

相传，贵妃鸡这道菜是根据唐玄宗的妃子杨玉环的故事创制而成。杨贵妃不仅长相美艳，雍容华贵，而且她还通晓音律，能歌善舞，唐玄宗对其宠爱异常。一天，唐玄宗约杨贵妃到百花亭赏花饮酒，他却因另一宠妃梅贵妃的纠缠而迟到了。杨贵妃久等不至，便百无聊赖地自斟自饮起来。等唐玄宗来到百花亭时，天已经黑了，皓月当空，杨贵妃此时也有了些许醉意。唐玄宗于是饮酒赏月，让杨贵妃起舞助兴。此时的杨贵妃，带着浅浅的醉意，面若桃花，悠然起舞，显得更加婀娜多姿、美丽动人。这就是"贵妃醉酒"的故事。

杨贵妃平时非常喜欢吃荔枝，除此之外，她最爱吃的菜肴便是鸡翅。当时的宫廷厨师从"贵妃醉酒"这件事上得到启示，烹制出了"贵妃鸡"这道菜肴。厨师们在烹制时选用了上好的红葡萄酒当成辅料烹调，给这道菜增添了别样味道。

关于这道菜，民间还有一种说法，认为起初有一道菜名叫"烩飞鸡"，深受文人墨客们的喜爱。由于有了贵妃醉酒的典故，便根据"烩飞"的谐音将其改为"贵妃"，于是"烩飞鸡"变成了"贵妃鸡"，也隐喻了贵妃醉酒之意。

第三节
人生仪礼食俗

人生仪礼是指人的一生中，在不同的生活和年龄阶段所遵从的不同的仪式和礼节。千百年来，人们在人生仪礼活动中逐渐形成了一系列饮食习俗。

人生仪礼食俗是中国饮食文化重要的组成部分，在千百年来的继承发扬中闪耀着独特的中国特色。

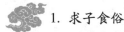 **诞生礼食俗**

又称人生开端礼或童礼，它是指从求子、保胎到临产、三朝、满月、百禄，直至周岁的整个阶段内的一系列仪礼。诞生礼起源于古代的"生命轮回说"，中国古代生命观中重生轻死，因此把人的诞生视为人生的第一大礼，以各种不同的仪礼来庆祝，由此形成许多特殊的饮食习俗。

1. 求子食俗

（1）向神求子。祭拜传说中主管生育的观音菩萨、碧霞仙君、百花神、尼山神等，供上福礼，并给神祇披红挂匾。

（2）送食求子。吃喜蛋、喜瓜、莴苣、子母芋头之类，据说多吃这类食品，便可受孕。

（3）送物求子。包括送灯、送砖、送泥娃娃、送麒麟盆，相传这都是得子的征兆。

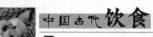

（4）答谢送子者。如广州、贵州和皖南的"偷瓜送子"；四川一带的"抢童子""送春牛"和"打地洞"；广西罗城仫佬族山寨的"补做风流"；旧时彝族地区的"促育解冤祭"；鄂西和湘西土家族的"吃伢崽粑""喝阴阳水"，都属于这一类型。

 2. 保胎食俗

对于孕妇，古人是食养与胎教并重，还有"催生"之俗。在食养方面，强调"酸儿辣女""一人吃两人饭"，重视荤汤、油饭、青菜与水果，忌讳兔子肉（生子会豁唇）、生姜（生子会六指）、麻雀（生子会淫乱）以及一切凶猛丑恶之物（生子会残暴）。在胎教方面，要求孕妇行坐端正，多听美言，有人为她诵读诗书，演奏礼乐。同时不可四处胡乱走动，不可与人争吵斗气，不可从事繁重劳动，并且节制房事。在催生方面，名堂亦多。《梦粱录》云："杭城人家育子，如孕妇入月，期将届，外舅姑家以银盆或彩盆，盛粟秆一束、上以锦或纸盖之，上簇花朵、通草、贴

鲫鱼汤

套，取五男二女之意，及眠羊卧鹿，并以彩画鸭蛋一百二十枚、膳食、羊、生枣、粟果及孩儿绣绷彩衣，送至婿家，名'催生礼'。"湘西坝子是岳母给女儿做一顿饭，二至五道食肴，分别称作"二龙戏珠""三阳开泰""四时平安""五子登科"，饭食必须一次吃完，意谓"早生""顺生"。侗族是由娘家送大米饭、鸡蛋与炒肉，七天一次，直至分娩为止，浙江是送喜蛋、桂圆、大枣和红漆筷，内含"早生贵子"之意。

3. 庆生食俗

包括添丁报喜和产妇调养。前者有土家族的"踩生酒"，畲族的"报生宴"，仡佬族的"报丁祭"，汉族的"贺当朝"之类，都在婴儿降生当天举行。对于添丁报喜，因地域不同，具体风俗各异。如"踩生酒"：用酒菜招待第一个进门的外人，并有"女踩男、龙出潭""男踩女、凤飞起"之说。"报生宴"：由婴儿之父带一只大雄鸡、一壶酒和一篮鸡蛋去岳母家报喜。如生男，则在壶嘴插朵红花，如生女，则在壶身贴一"喜"字。岳家立即备宴，招待女婿和乡邻。"报丁祭"：是用猪头肉、香、纸祭奠掌管生育的"婆王"，招待全村男女老少。"贺当朝"：亲友带着母鸡、鸡蛋、蹄髈、米酒、糯米、红糖前来祝贺，产妇家开"流水席"分批接待。后者即是"坐月子"的开始，一方面"补身"，另一方面"开奶"，有"饭补"与"汤补""饭奶"与"汤奶"之说。食物多为小米稀饭、肉汤面、煮鲫鱼、炖蹄髈、煨母鸡、荷包蛋、甜米酒之类，一日四至五餐，持续月余。

4. 育婴食俗

（1）洗三朝：姥娘送喜蛋、十全果、挂面、香饼，并用香汤给婴儿"洗三"，念诵"长流水，水流长，聪明伶俐好儿郎""先洗头，做王侯，后洗沟，做知州"的喜歌。

（2）满月：生父携糖饼请长者为孩子取名（这叫"命名礼"），用供品酬谢剃头匠（这叫"剃头礼"），而后小儿与亲友见面，设宴祝贺。亲朋须赠送"长命锁"，婴儿要例行"认舅礼"。

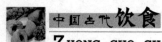
（3）百禄：是祝婴儿长寿的仪式，贺礼必须以百计数，鸡蛋、烧饼、礼馍、挂面均可，体现"百禄""百福"之意。

（4）周岁：又称"试儿""抓周"，是在周岁之时预测小儿的性情、志趣、前途与职业的民间纪庆仪式。届时亲朋都要带着贺礼前来观看、祝福，主人家设宴招待。这种宴席上菜重十，须配以长寿面，菜名多为"长命百岁""富贵康宁"之意，要求吉庆、风光。周岁席后诞生礼结束。

 婚礼食俗

我国的婚礼食俗丰富多彩，完整的婚礼习俗在古代有纳采、问名、纳吉、纳征、请期、亲迎六礼。但是明清以来，完整的六礼已经不复存在。古代婚礼食俗主要有以下项目：

1. 过大礼食俗

男家择定良辰吉日，带备礼金及礼饼、椰子、茶叶、槟榔、海味、三牲（包括鸡两对、鹅两对、猪脾两只）、莲子、芝麻、百合、红枣、龙眼干、糯米粉、片糖、洋酒、龙凤镯一对、结婚戒指和金链等，送到女家。当女家收到大礼后，将其中一部分回赠给男家，这叫"回礼"。通常是把上列物品的一半或若干，再加上莲藕一对、芋头一对、石榴一对、四季橘一对、手帕、女婿的西装、皮带、礼、银包、纸扇一对、利是两对（上写"五代同堂，百子千孙"）。

2. 嫁妆礼俗

古时，女子需要一个大柜和一个小柜到男家做嫁妆，内放七十二件衣服。用扁柏、莲子、龙眼及利是伴着；还有龙凤被、枕头、床单等床上用品；拖鞋两对、睡衣和内衣裤各两套；子孙桶（痰盂），内放红鸡蛋一对、片糖两块、十只红筷子、姜两片，还要一把伞。

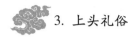 3. 上头礼俗

上头仪式于大婚正日的早晨举行，须择时辰。男方要比女方早半个时辰开始（约一小时之差），并由"好命佬"和"好命婆"在男女双方各自家中举行。男女双方均要穿着睡衣，女方更要在一个看见月光的窗口，开着窗进行。所谓"好命佬"和"好命婆"是男女家中的长辈，择父母子女健在，婚姻和睦者。从前，女方上头后便不准落地走动，所以上花轿时须由大妗姐背着。上头时"好命佬""好命婆"会一边梳一边说："一梳，梳到尾；二梳，白发齐眉；三梳，梳到儿孙满地。"旧时，结婚前一天，男方要给女方家抬去食盒，内装米、面、肉、点心等。娘家要请"全福人"用送来的东西做饺子和长寿面，所谓"子孙饺子长寿面"，把包好的饺子再带回家。结婚这天，新娘下轿，先吃子孙饽饽长寿面。入洞房后，新郎新娘同坐，并由"全福人"喂没煮熟的饺子吃，边喂边问："生不生?"新娘定要回答："生（与生孩子同音）!"睡前要由四个"全福人"给新人铺被褥，要放栗子、花生、枣，意为"早立子，早生"。结婚这天请客人吃面条，讲究吃大碗面。也有的人家吃大米饭炒菜，菜肴多少视条件而定。

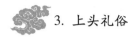 4. "合卺" 食俗

"合卺"就是指新婚夫妻在洞房之内共饮合欢酒。卺是瓢之意，把一个匏瓜剖成两个瓢，新郎新娘各拿一个，用以饮酒，就叫合卺，合卺始于周代，后代相卺用匏，而匏是苦不可食之物，用来盛酒必是苦酒。所以，夫妻共饮合卺酒，不但象征夫妻合二为一，自此结为永好，而且也含有让新娘新郎同甘共苦的深意。宋代以后，合卺之礼演变为新婚夫妻共饮交杯酒。《东京梦华录·娶妇》记载：新人饮过之后把杯子掷于床下，以卜和谐与否，如果酒杯恰好一仰一合，它象征男俯女仰，美满交欢，天覆地载，这阴阳和谐之事，显然是大吉大利的了。如今的婚礼上，也有喝交杯酒的环节，但其形式比古代要简单得多。男女各自倒酒之后两臂相勾，双目对视，在一片温情和欢乐的笑声中一饮而尽，地点或者是在洞房或是在举行婚礼的大厅、饭店、酒楼。

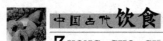
按民俗传统，交杯酒是在洞房内举行的，所以都把合卺与入洞房连在一起，但不管此习俗的表现方式有何不同，其寓意与心愿都是一致的，结永好、不分离是对新婚夫妻今后长期的婚姻生活美好的期待。

 5. 结发之礼

照婚礼习俗，在交杯酒过后，常常还要举行结发之礼。结发在古代称合髻，取新婚男女之发而结之，新婚夫妻同坐于床，男左女右。不过，此礼只限于新人首次结婚，再婚者不用。人们常说的结发夫妻，也就是指原配夫妻，婆妾与续弦等都不能得到结发的尊称。古代婚俗中，结发含有非常庄重的意义，后来这一习俗逐渐消失，但结发这一名词却保留下来了。结发象征着夫妻永不分离的美好寓意，如同交杯酒一样，在农村仍然得到大多数人的充分肯定和赞许。

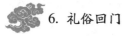 **6. 礼俗回门**

一对新人代备以下物品返女家：金猪两只、酒一壶、鸡一对、西饼两盒、生果两篮、面两盒、猪肚和猪肉两斤。女家须留女儿及女婿食饭。回门后女家照例回礼，包括西饼、竹蔗、鸡仔、生菜、芹菜、猪头和猪尾。由于时代进步，一切从简，以上各礼均可以钱代替。代替猪肉的，谓之猪肉金；代替西饼的，也就是西饼金了。"回门"当天再回男家。

旧时，结婚后一个月，娘家要接女儿回娘家住一个月，叫"住得月"。每年二月初二是接出嫁女儿的日子，娘家人要说："二月二，接宝贝。"这天，出嫁的女儿要回娘家看父母，娘家要做面条、烙薄饼卷豆芽菜等各种好吃的食物招待女儿。

寿诞食俗

寿诞，也称诞辰，俗称生日。民间生日日期，一般按农历算。寿诞食俗，是指民间为庆贺生日而进行的饮食活动。寿诞食俗，因地域而异。

古代，人们原本不过生日，因为儒家的孝亲理论认为"哀哀父母，生我劬劳"，越是遇到生日，越应该想到父母生养自己的艰辛，生日这天要静思反省，缅怀双亲的辛劳，所以"古无生日称贺者"。然而最迟在南北朝时期，已有过生日的仪式。《颜氏家训》中就有每年过生日要设酒食庆贺的记载。有趣的是，庆贺生日与不庆贺同样是出于孝亲的观念，不庆贺是为了体悟父母的辛苦，而庆贺则是为了娱亲。唐代，民间普遍以做生日为乐事，设酒席、奏曲乐，对生日当事人祝吉祝寿。自此，纯粹以祝寿祝吉为目的、以酒宴乐舞为形式的生日庆贺习俗一直流传至今。自宋代起，过生日"献物称寿"的送礼之风日渐兴盛，生日馈赠礼仪沿袭至今，已成为过生日的一项重要习俗。

无论是婴孩的周岁生日，青少年、成年人的平时生日，还是老年人的寿诞，庆贺仪式的繁简根据家庭经济状况差别较大，庆贺仪式的程序讲究也因地域不同而各具特色。

食物是生日仪式中的重要内容，生日饮食的品种繁多、形式多样，无论是新近流行的由西方传入的生日蛋糕，还是中国传统的寿面、寿桃、寿糕等，都包含着祝福健康长寿与幸福吉祥的美好祝愿。

寿诞当日，还有一些占卜活动。鲁西南以寿日晴天为吉兆，晴天预示着老人长寿、家事顺心，阴天则被认为是"掉辞眼泪"，日子将过得不顺心，老

寿桃

人的心情也往往因之不高兴。民间祝寿的相关禁忌颇多。俗话说："七十三，八十四，阎王不叫自己去。"据说圣人孔子只活到73岁，亚圣孟子84岁时去世，迷信说法这两年是"损头年"，老人很难平安度过这两道坎，所以老人的年龄忌说73和84，如有人问及寿龄，必少说一岁或多说一岁，避开这两个年岁，相应的也就没有73岁和84岁的寿辰。另外，民间忌讳说百岁，认为百岁是人寿命的极限，到了百岁也就是活到头了。逢百岁时，多数仍说99岁（"九"音同"久"，99是吉利的数字，意味着久久无限长）。做寿还有"做九不做十"之俗，即逢十的整寿必须提前一年祝寿，也称"做九头"，如60岁寿辰要提前到59岁生日时庆贺，"庆八十"要在79岁时举行。这是因为：方言"十"与死的发音相近，犯忌；而"九"与"久"音同，吉利。一般做寿忌间隔，一旦开始做寿，必须年年连做，不能间断，否则再次庆寿时就成为"断头生"。另外，民间认为66岁是人生旅途上的一个难关，只有吃66块肉方可顺利通过此关，因此逢老人66岁生日时，至孝的儿女或侄女辈会送上66块肉，若寿者吃素，则用数量相同的豆腐干代替。有的地方祝寿要以木盒、瓷碗盛礼品，忌用条编器物。

宁波的寿诞食俗颇为奇特。当地有"六十六，阎罗大王请吃肉"之说。所以，宁波人不分男女，到了66岁，均有"过缺"的习俗。所谓"过缺"，是说人到了66岁，要遇到一个"缺口"，亦即关口，度过这个"缺口"就平安了。过缺，就是到了66岁生日，寿诞活动由女儿负责操办。女儿根据父母的饮食习惯，选购猪肉，然后将肉洗净，切成66块。切肉时，要在砧板上反复掂量，多一块不行，少一块更不行，烹调时，要根据父母的口味，精心制作。与此同时，还要送一碗糯米饭，盛饭的碗，必须用"缺口碗"。如果家中没有这种碗，要用新碗去向邻居调换那种碰碎过碗沿的缺口碗。送饭时，要放上三根鲜葱，葱要带根的。饭上还要摆一条"龙头烤"（即咸虾干）。葱有根，表示生命力依然旺盛，且栽得牢；"龙头烤"是附会龙头拐杖，据说龙头拐杖是高寿皇帝乾隆用的。肉和饭由女儿用"宾蓬篮"送到父母家，时间是父母生日的前三天的上午。篮子要从窗口递进去，不能从门而入。待父母接过篮子后，女儿方可进屋，净手后点燃香烛，向灶君菩萨祈祷："保佑我父亲（母亲）吃过66块肉，脚健手健，顺顺溜溜，长命百岁。"如果父母是吃素者，女儿就用66块烤麸代替。

知识链接

不同年龄的不同称谓

襁褓：未满周岁的婴儿

孩提：指2～3岁的儿童

垂髫：指幼年儿童（又叫"总角"）

豆蔻：指女子十三岁

及笄：指女子十五岁

加冠：指男子二十岁（又"弱冠"）

而立之年：指三十岁

不惑之年：指四十岁

知命之年：指五十岁（又"知天命""半百"）

花甲之年：指六十岁

古稀之年：指七十岁

耄耋之年：指八九十岁

期颐之年：一百岁

丧葬食俗

丧葬古称凶礼，是人生礼仪中的最后一件大事。对正常死亡的老人，中国民间视为"白喜事"。与"红喜事"一样，白喜事也是较铺张的。晚辈在哀悼尽孝的同时，对前来吊唁以及帮助处理丧事的亲友及工人则要以酒菜招待，这就有了丧葬食俗。

汉族民间的一般俗规，是送葬归来后共进一餐，这一顿，各地叫法不一。

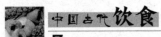
有叫"吃白喜酒"的，有叫"吃送葬饭"的，但大多数地方叫"吃豆腐饭"。古代的"豆腐饭"，为素菜素宴，后来席间也有荤菜。如今已是大鱼大肉了，但人们仍称为"吃豆腐饭"。"豆腐饭"的由来有一个传说。相传古时候的豆腐是乐毅发明的，乐毅发明豆腐是为了使上了年岁的父母吃上不用咀嚼的食物。豆腐不仅使乐毅的孝敬之心如愿以偿，而且惠及广大乡亲百姓。后来，乐毅的父母因常吃豆腐而高寿。在父母过世送葬归来时，乐毅就把家中所有的黄豆都做成豆腐，办了豆腐酒席招待四乡八邻，祝愿大家都健康长寿。从那以后，人们都学乐毅在老人过世后用豆腐酒席招待送葬的亲友。"吃豆腐饭"的风俗，遂代代相传，沿袭至今。除了"吃豆腐饭"，有些地方还有特殊的丧葬食俗。

在山东，这一顿酒席谓之"吃丧"。有的地方在辞灵（下葬仪式结束后，亲属祭拜死者灵位，谓之"辞灵"）以后，亲属要一起吃饭，叫作"抢遗饭"。临朐的遗饭是豆腐、面条。据说吃了豆腐，后代托死者的福，会兴旺富裕；而吃了面条，后代蒙死者的阴德，就会长命百岁。有的还吃栗子、枣，意即子孙早有，人丁兴旺。在黄县等地，圆坟（葬后的第二天或第三天，死者亲属为新坟添土，称"圆坟"）之后，每人分一块发面饼，据说吃了发面饼，胆子就会变大，夜间走路不害怕。

济南旧俗，老人死后第三日，丧家以瓦罐盛米汤赴土地庙，呼唤亲人并遍洒米汤，谓之"送三"。出殡日，全家及亲友食丧葬饭。在鲁北平原，此日晚必备八碗菜，并用祭礼上的菜品烩锅待客。故此地之"八大碗"即丧宴的代称，在喜庆场合是绝对禁说的。胶东，人亡当日，即须速报亲属，入殓、守灵，出殡下葬后，亲属都急忙低头抢着回家，谓之抢福，随后进餐，要吃白面饽饽、白米饭。济宁地区的丧葬习俗受孔府礼仪影响，颇为豪华，旧时要设棚帐，盛果品牲礼路祭，家中宴客前后数十日，席面多至数百席……故而那时农家有"死不起人"之说。其宴客费用，一般农家承担不起。贫穷人家常因酒宴费用不足，不能发殡，而将灵柩长期停在家中，害怕因酒宴准备不周，惹人耻笑，得罪乡邻。此陋习至清末才被兖州知州徐清惠革除。

在苏北，死者下葬后，孝子有"抢富贵"习俗。当棺材从灵堂抬走后，人们在刚刚设好的香案上放些纸包，里面分别是钱、米。孝子将从坟地抓来的三把土放在香案前，然后迅速抢一个纸包。俗信：抢到钱的有钱花，抢到米的有饭吃。有的地方不抢纸包，而是将"倒头饭"（放在死者头前的生米或半生不熟的大米、麦仁）煮成粥，每个孝子一碗，叫吃"富贵饭"。谁先吃上富贵饭，谁先富贵。所以孝子们从茔地返家的途中，都暗中使劲，如竞走一般。江西宜春的"粮米包"，也是类似的丧葬食俗。粮米包是用布包一些米，连一只公鸡一道系在出殡时的"龙扛"（抬棺材的扛子）上。当地习俗认为：包内的粮米，不管多少，只能舀一次。据说在"八仙"抬着灵柩过桥、上坡下岭时，亡灵就会抓着粮米包以免脚下有闪失。因此，民间相传，这粮米包上一定有五个手指印。死者安葬后，公鸡带回来供"八仙"吃；而粮米包则带回来做成饭，只准家里人吃，连出嫁了的女儿都不准吃。俗信：吃了包内的粮米，亡灵会保佑全家吉祥，添丁进粮有发旺。在江西樟树市的黄土岗镇一带，死者下葬那天，全村人都去吃"送葬饭"。

北京，旧时，人死后在灵前供奶油饽饽和干鲜果品。奶油饽饽一层层码上去，多时可达数百枚。灵前供上香的瓦盆，在出殡时要由儿子摔瓦盆，摔得越响越碎越好。灵前还有一罐（瓶），出殡时将各种吃食尽可能装进去，由主妇抱着葬于棺前，算是送给死者的食粮。20世纪50年代以后，此俗逐渐消亡。

在湖北，老人死后，临葬前，丧家必须设宴款待宾客，否则，将会遭到讪笑。沔阳一带，丧葬前一夜，乡邻亲族要在丧家吃饭，以至达到"酒肉狼藉，呼噪喧呶"的程度。蕲春一带，执丧那天，丧家根本不烧饭，只靠亲朋乡邻送的稀饭解饥。

丧葬食俗中的"端百岁饭"和"偷碗计寿"，是生者在悼念死者的同时，为下一代祈福的特殊方式。"端百岁饭"是江西杨树一带的习俗：人们在吃"送葬饭"时，端一碗饭，夹几块肉，带回去给孩子吃，以此举为孩子讨个"长命百岁"的吉利。无独有偶，类似风俗在苏北也有。《海州民俗志》载："用从喜丧人家偷来的碗筷给孩子吃饭，也能讨来长寿。因此喜丧人家常多买些碗筷供人偷。"这就是丧葬食俗中的所谓"偷碗计寿"。可见，民间的丧葬食俗，主题有二：一是尽孝，二是祈福。

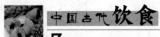

知识链接

杨玉环的饮食美容之道

杨贵妃为什么能宠冠后宫，独得皇帝宠幸？据说其中一个重要的原因就是她身上能散发出一种令人陶醉的体香。传说为了能使玉体溢香，杨玉环经常食杏仁，饮杏露，宫室熏香，品饮香茶，且常沐香汤浴，不定期吃香榧子和荔枝。历代皇妃贵妇多效仿杨贵妃的这种饮食方法以博得皇帝的宠爱。

杨贵妃有多汗症，出的汗可湿透香帕，不施香料而自发香气。玄宗有感于她的汗香袭人，还为她修了一座沉香亭。李白的《平乐》诗，其中有"一枝红艳露凝香""沉香亭北倚栏杆"之句，都突出了一个"香"字。

贵妃也曾妙用山楂治病养生。山楂味甘、酸，性微温，归脾、胃、肝经，具有开胃消食、化滞消积、活血化瘀、收敛止泻的功效。杨玉环曾患腹胀之症，大便泄泻，不思饮食。唐玄宗为此坐卧不安，遍召御医，名贵药品用尽，贵妃的病不但没有好转，反而有所加重。这时，一道士路过皇宫，自荐为贵妃治病。道士思忖道：此乃脾胃柔弱，饮食不慎，积滞中脘。御医所用之药，滋补腻滞，实反其道也。于是，挥毫写出"棠球子十枚，红糖三钱，熬汁饭前饮用，每日三次"。唐玄宗将信将疑，谁知用药半月之后，贵妃的病果真痊愈。棠球子，就是我们今日所说的山楂。

第三章

古代饮食与烹饪文化

　　一道美味的菜肴离不开精美的原材料、调味品,以及独到的烹饪技巧。烹饪是指对食物原料进行合理选择调配,加工处理,加热调味,使之成为色、香、味、形、质、养兼美的安全无害的、利于吸收、益人健康、强人体质的饭食菜品。

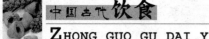

第一节
古代饮食原料与用料技艺

　　食物原料是人类饮食的物质基础。自古以来，饮食资源的采集、开发和利用，为人类社会最重要的物质生产活动之一。史前社会人类采集、渔猎到后来的"以农立国"，都体现了这一原则。

　　饮食原料指通过加工可以制作主食、菜肴、面点、小吃等各类食物的可食用原材料，譬如粮食、蔬菜、瓜果、肉类、海鲜等。

　　要想制作出美味可口的菜点，就必须保证菜点的质量，从一开始就选择品质上佳的饮食原料。同时，作为饮食原料，必须来源可靠、安全、卫生，这样才会保证丰富的营养和良好的口感。

饮食原料的主要类别

　　我国幅员辽阔，物产丰富，饮食原料的种类亦是繁多。再加上中华民族的劳苦大众们在漫长的贫苦生活中练就了顽强的探索精神，人民对饮食原料的开发极为广泛，选择对象也是极为丰富。上层社会求珍猎奇，下层百姓求生饱腹，一切能够充饥、入馔的生物，即使毒如蛇蝎、厌如蚁蝗，一样成为"珍馐佳肴"、果腹之源。

　　结合人们的日常生活习惯，常用的饮食原料有以下几种：

1. 粮食

粮食是粮食作物的种子、果实或块根、块茎及其加工产品的通称。它是人类最基本的食物。我国的粮食作物主要包括谷类、豆类、薯类三大类。

中国是世界主要产粮国之一。种类繁多，以水稻、小麦、玉米和甘薯为主，其次是小米、高粱、大豆、大麦、荞麦、青稞、赤豆、绿豆、扁豆、豌豆等。古时的"五谷"是指粟（稷）、豆（菽）、黍、麦、稻。粟（稷）象征谷神，与土神并称为"社稷"，代表国家，并认为"得谷者昌"，可见粮食在人们的心中占有至关重要的地位。现今中国大多数地区的人们的饮食结构仍然是以粮食制作的面、饭为主。此外，粮食还可以做菜肴的主料或是配料，并且还可以酿制成调味品，比如酱、醋等。

2. 蔬菜

蔬菜一般是指可以做菜用的草本植物的总称，以十字花科和葫芦科的植物居多，如白菜、南瓜、萝卜等；也包括少数可作副食品的木本植物的嫩茎、嫩芽、嫩叶（如竹笋、香椿）和食用菌类、蕨类及藻类等。

蔬菜可鲜食，也可加工成腌菜、干菜、泡菜、酱菜、罐头等。根据食用部位，蔬菜可分为：根茎类，如萝卜、莴笋、芋芳、茭白、竹笋、土豆、藕等；叶菜类，如白菜、韭菜、菠菜、苋菜、油麦菜等；瓜果类，如番茄、茄子、黄瓜、西葫芦、丝瓜、苦瓜、冬瓜等；食用菌类，如平菇、草菇、香菇、木耳等。

3. 水果

水果是人类生活中不可缺少的食物，也是需要量大、营养价值很高的饮食原料。它除了可以给人们消费时带来感官享受，而且水果丰富的营养对人体的健康起到了"卫士"作用。如苹果号称"水果之王"，对滋养皮肤、降低血压、调节血糖、降低胆固醇等具有良好功效；柑橘性凉味甘酸，具有利肠止痛、清热和胃、生津止渴、醒酒利尿的功效等。

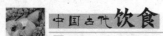

水果

4. 畜类

畜类原料是指可供人们饮食利用的哺乳动物原料及其制品。畜肉在我国的饮食原料中占据重要的地位，其中以猪、牛、羊等家畜及其乳制品为主体，还包括一些畜肉制品和可食昆虫。我国的畜肉中有许多优良的品种，例如金华猪、太湖猪、南阳牛、乌珠穆沁蒙古羊、滩羊等均为优质畜类原料。畜肉营养丰富，尤其是动物蛋白质对人体的生长发育、增强身体活力都有着显著的作用。而我国畜类制品生产的历史也颇为久远，如金华火腿、哈尔滨红肠等。

5. 禽类

禽类原料是指家禽的肉、副产品及其制品的总称，包括未被列入国家保护动物目录的野生禽鸟类原料。

世界上的禽鸟类资源十分丰富，根据它们的生活方式可以分为陆禽、水禽和飞禽。禽类也是我国重要的肉食资源，有家禽和野禽之分。家禽主要有鸡、鸭、鹅，著名的品种有乌骨鸡、麻鸭、狮头鹅等。禽类有许多再制品，例如腊鸡、板鸭、腊鸭等。

6. 蛋乳类

禽蛋是雌禽排出体外的卵，它与其他的动物卵不同，禽蛋具有蛋壳、蛋清、蛋黄三大特殊结构。其常见品种有鸡蛋、鸭蛋、鹌鹑蛋、鸽子蛋、鸵鸟蛋等。其中，鸡蛋在家庭中食用的频率最高；鸭蛋和鹅蛋质地较老，且带有一些腥味，食用频率次之；鸽子蛋营养价值高，以档次较高的餐饮场所应用较多。禽蛋还有一些再制品，如咸鸭蛋、松花蛋等。

乳类含有幼小机体所需的全部养分，而且是最易消化吸收的食物。奶类生产在世界畜产品（肉蛋奶）生产结构中，一直位居前列，其总产量是肉类总产量的两倍多。

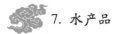
7. 水产品

中国的水产品资源丰富，种类繁多。按照其生活环境可分为海洋类和淡水类，又可称为海鲜和河鲜；按照品种可分为鱼、虾、蟹、贝等。

海鲜主要有带鱼、鲳鱼、海鳗、墨鱼、海虾、鲜贝等；河鲜中的草鱼、青鱼、鲢鱼和鳙鱼并称为"四大淡水鱼"。此外，还有鲫鱼、鳜鱼、鲈鱼、鳊鱼、黑鱼、鳝鱼、龟、鳖、虾等。水产品营养丰富，易于人体消化、吸收且鲜嫩可口，是人体蛋白质的重要来源。同时，水产品作为烹饪的主要原料之一，与畜肉、禽蛋并称为"料中三美"。

8. 干货

干货即经过风干、晾晒等方法去除了水分的烹饪原料。大致可以分为五类：一是动物性海味干料，如鱼翅、干贝、海参、鱼骨、鱿鱼、海蜇、虾米等；二是植物性海味干料，有紫菜、海带、石花菜等；三是陆生动物性干料，如蹄筋、熊掌、驼峰等；四是陆生植物性干料，如黄花菜、莲子、百合等；五是陆生藻菌类干料，有黑木耳、香菇、竹笋、发菜等。

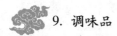9. 调味品

调味品是在原料加工或在烹调过程中用于调和食物滋味的烹饪调味原料，可以从三个方面进行分类。

（1）依调味品的商品性质和经营习惯可分为：酿造类调味品，如酱油、食醋、豆豉等；腌菜类调味品，如榨菜、梅干菜、泡椒、泡姜等。干货类调味品，如胡椒、花椒、干辣椒、茴香、八角、芥末等。其他类，如食盐、味精、白糖、黄酒、咖喱粉等。

（2）按调味品成品形状分：酱品类，如沙茶酱、豉椒酱等；酱油类，如生抽、鲜虾油、草菇抽等；汁水类，如烧烤汁、卤水汁等；味粉类，如胡椒粉、沙姜粉、鸡粉等；固体类，如花椒、干辣椒等。

（3）按调味品呈味感觉分：咸味调味品，如酱油、食盐、豆瓣酱等；甜味调味品，如白糖、蜂蜜、饴糖等；苦味调味品，如陈皮、苦杏仁等；辣味调味品，如辣椒、芥末、姜等；酸味调味品，如醋、山楂酱等；香味调味品，如花椒、八角、料酒、茴香等。

烹饪用料的选择

原料不仅是味的载体，而且是美味的重要来源，清代"食圣"袁枚在《随园食单》中就强调："大抵一席佳肴，司厨之功居其六，买办之功居其四。"选取原料既要按照菜品的需要确定主料、辅料和调料，还要在确定品种后挑选合适的原料，原料的选取需要注重四个原则。

 1. 原料的固有品质

这主要看原料的品种、产地、营养素含量以及口味、质感的好坏等。由于自然条件的差异，烹调原料的品质自然不同。如江南名菜"清蒸大闸蟹"以选用阳澄湖的河蟹为好，火腿则以金华、宣化所产为上。同一种原料的部位不同，其质地、结构、特点也不尽相同。如小炒肉选用猪里脊肉，因为其最为细嫩、水分含量最充足、肌肉纤维细小。五花肉皮薄、肥瘦相间、肉质较嫩，最宜做

红烧肉。前腿肉半肥半瘦，肉老筋多，吸水性强，宜做馅料和肉丸等。

2. 原料的纯净度和成熟度

主要看原料的培育时间和上市季节，纯净度和成熟度越高，利用率和使用价值越大。正如谚语所说："九月圆脐十月尖，持螯饮酒菊花天。"意思是农历九月的雌蟹和农历十月的雄蟹最肥美，只有顺应天时季节的食物才最好吃、最有营养。

3. 原料的新鲜度

主要看原料存放时间的长短，常常从形态、光泽、水分、重量、质地、气味等方面来判断。如新鲜程度高的绿叶菜，外观总是碧绿挺拔，青翠欲滴，富有光泽，但萎蔫后复水的叶菜光泽顿失，并有水渍状的褶痕和斑块，这是细胞破损的症状。又如新鲜的丝瓜总是硬的，含水量在94%左右，新鲜程度差的丝瓜自然会因失水而变蔫。

4. 原料的卫生状况

要严格按照国家《食品卫生法》的要求进行原料选择，凡是受到污染、腐败变质或含有致病菌虫的原料都不能使用。

知识链接

冰糖的由来

相传清代康熙年间，四川内江地区有一个名叫扶桑的姑娘，是当地一个大糖坊主张亚先家的丫鬟。有一次，她趁张亚先不在，舀了一碗糖浆正准

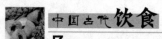
备喝。谁知正巧这时，张亚先来了，扶桑吓得连忙把糖浆倒进猪油罐中，将它藏进柴堆里，又在上边放了些谷糠掩盖住。

过了几天，当扶桑偷偷地捧出猪油罐时，发现罐里却长满了水晶般的、硬硬的东西。扶桑试着将其敲碎入口品尝，感到其坚脆而纯甜，其味道胜过白糖。后来扶桑把这一奇怪现象讲给别人听，许多人便如法炮制。因制出的这种糖形似冰，味如蜜，人们就把它称作冰糖。

第二节
古代主要饮食调料

 百味之首的盐

在烹调菜肴中加入食盐可以除掉原料的一些异味，增加美味，这就是食盐的提鲜作用。

在众多的烹饪原料中，除少数原料自身具有人们比较欢迎、能够接受的味道外（如黄瓜、西红柿、水果、西瓜、甜瓜、哈密瓜之类），多数原料都不同程度地存在一些恶味，若使其变成美味可口的菜肴，除了加热、水浸等方法之外，就要发挥食盐的"除恶扶正"功能了。所谓的"除恶扶正"就是在

盐

烹调过程中抑制原料自身的腥恶之气味，辅助提高原料中的呈鲜美味的物质，增强人们喜欢的鲜美口味。许多原料在下锅之前加底味主要是盐，特别是动物性原料表现得尤为明显。例如：粤菜中的糖醋咕老肉，在炸肉之前，所用的五花肉必须先用料酒和食盐打一下底味，在芡汁里除了糖醋等调料外，必须加进一定数量的盐，如果不加食盐就提不出此菜的美味，相反突出了糖和醋的气味，口感就极差，这就是盐在烹调中的调味作用。

淡无味，咸无味，是说用盐量要适当，才能发挥其特有的功能。

人不可一日无盐，盐来自无穷无尽的海水，理应不费分文，但是早在春秋时代，当权者已经懂得利用盐，作为牟取暴利的工具。中国历代都有对盐的管制，一方面是要让老百姓都有盐吃，另一方面也是政府的一种暴利税收，这种管制应该来说是对官民双方都有利的。

知识链接

厨神与盐

詹王又名詹鼠，南北朝湖水应山（今广水市）人。固其厨艺精湛，后被隋文帝追封为詹王，民间称其为"厨神"。詹王本是一名御厨，有一天，皇帝召见他，问道："到底天下什么东西的味道最美？"詹鼠答道："盐的味道最美！"他认为不管什么美馔佳肴都离不开盐，所以以此作答。哪知道这下却惹了大祸。隋文帝认为盐是最普通不过的东西，天天都吃，就是咸的，有什么味道美不美的，认为是奚落他不懂饮食之道，于是下令将詹鼠推出斩首。詹鼠被杀，御膳房的其他厨师十分害怕，谁也不敢在为皇帝烹制的菜肴中加盐调味，怕犯欺君之罪掉脑袋。皇帝接连十多天都吃着无盐的菜，虽是山珍海味也索然无味，而且出现了全身无力、精神萎靡不振的现象。经御医诊断，才发现皇帝的病是因为不吃盐引起的。皇帝这时才醒悟过来，原来詹厨师的话是对的。于是，隋文帝悔恨不已，他决定追封詹鼠为王，并规定在詹鼠被杀的忌日即八月十三日，让老百姓祭祀他。

浓香增色的酱油

酱油是中国烹饪的基本调料。酱油是以大豆蛋白为主要原料，按"全料制""天然踩黄"工艺酿造而成的咸香型调味液。酱油在中国历史上被习惯性地称为"清酱""酱清""豆酱清""豉汁""豉清""酱汁"等。

2000多年前的西汉，就已经普遍酿制和食用酱油了。酱油源于酱，早在周朝就已经有酱，当酱存放长久时其表面会出现一层汁，人们品尝之后发现味道很好，于是便改进制酱的工艺，特意酿制酱汁，这就是早期酱油的诞生过程。这时的酱油被称作"清酱"。

自中国历史上第一代酱油出现以后，在漫漫 2000 余年的时间里，中国酱油的传统称谓，如同酱油本身一样至今浓香依旧，毫不褪色。

到了宋代，"酱油"一词才明确见于历史文献。如北宋苏轼曾记载了用酽醋、酱油或灯心净墨污的生活经验："金笺及扇面误字，以酽醋或酱

六必居酱菜

油用新笔蘸洗，或灯心揩之即去。""酱油"一词的出现，其意义不仅在于中国酱油从此有了一个更规范的雅称，更在于这种称谓背后所蕴含的历史文化。

在中国古代，酱油的生产基本是传统的酱园模式，这也是中国酱油文化的特征之一。酱园，又称酱坊，指制作并出售酱品的作坊或店铺。中国历史上的酱园规模很小，通常是前店后坊布局模式，因此，酱园具备生产加工与经营销售两种职能。在历史上，无论是通都大邑还是百家聚落的小邑镇，必有酱园的存在。这其中也有经营有方、声誉良好、颇具规模的名店，如历史上的江北四大酱园、六必居、槐茂、玉堂、济美。酱园不仅方便了城居百姓和四方来客的生活之需，同时也装点了城市文化。

保健开胃的醋

自古以来醋就在中国人民生活中占有重要的地位，而醋文化已经成为中华民族饮食文化的重要组成部分。

中国是世界上最早用谷物酿醋的国家，距今已有 3000 多年的历史。据《周礼》记载，周朝时朝廷就设有专门管理醋政的官员"酰人"。春秋末年晋阳（太原）城建立时就有一定规模的醋作坊。南北朝时醋被视为奢侈品，用醋调味成为宴请档次的一条标准。北魏农学家贾思勰在《齐民要术》中对醋

醋

的发酵工艺做了详细记述。到了唐宋时期，制醋业有了较大发展，醋开始进入了寻常百姓之家。明清时，酿醋技术出现高峰，山西王来福创制了隔年陈酿醋工艺，至今仍被老陈醋生产企业所保留。

醋的用途很多，其药用价值是中国醋文化的显著特征。早在战国时期，扁鹊就认为醋有协助诸药消毒疗疾的功用，此后历代名医都有很多相关的记载。尤其是李时珍在《本草纲目》一书所录的用醋药方就有 30 多种，其中关于在室内蒸发醋气以消毒的方式至今仍用以防止流感等传染性疾病。醋不仅广泛应用于调味，饮酒过量之后，喝上几口醋还有助于解酒；许多生活用具可用醋擦洗除掉污垢、去异味等。

甘美如饴的糖

糖，在古代有许多同义字或近义字，如饧、饴、铺、馓、饻、铖等。糖是人体赖以产生热量的重要物质，既可单独食用，又是人们生活中的调味品和甜食、糖果、糕点的原料。

古代先秦就有制糖的工艺。西周《诗经·大雅·绵篇》载："周原膴膴，堇荼如饴"。可见，在公元前 1000 年左右，中国就已知道把淀粉水解成甜糖了。用麦芽制糖是古代最早的制糖方法，许慎《说文解字》上说："饴，米蘖煎也。"蘖是发芽的麦子，能使煮过的米里的淀粉糖化。

中国很早就有甘蔗和甘蔗制糖的记载，中国种植甘蔗的历史可以追溯到战国时期，那时还不会用它生产砂糖。古时对甘蔗的利用，一是当果品吃，二是榨成蔗汁饮用或调味，三是将蔗汁熬成"蔗浆"，四是将蔗汁熬得像饴糖那样浓的"蔗饴"，五是以蔗汁曝晒或加乳熬成硬饴状，称为"石蜜"。

南北朝时期，中国人就已经开始制造蔗糖了。《齐民要术》里转引《异物志》说："甘蔗远近皆有……连取汁如饴饧，名之曰糖，益复珍也。又煎而曝之，既凝而冰。"这是中国典籍里关于蔗糖制造的最早的记载。蔗糖的大规模生产始于唐代的贞观年间。

到了宋代，蔗糖生产已以江、浙、闽、广、蜀等地为主了。此外，北宋还把砂糖进一步加工成冰糖，这种冰糖流行于元代，时称"糖霜"。

白糖

糖在中国古代的利用也较为广泛，除了部分用于烹饪调味，如渍制果品脯干、加入菜肴增味、加入小吃甜食等，还大量用于单食。如中国唐代就有"口香糖"了，当时的著名诗人宋之问有口臭的毛病，经常"以香口糖掩之"。至于食用糖品，则从开始制糖的时候就有了。

气香特异的姜

姜又名生姜，属姜科植物，根茎味辛，性微温，气香特异。中国很早就开始种植生姜，如湖北江陵县出土的战国墓中就有姜，西汉司马迁所作的《史记》中也有"千畦姜韭，其人与千户侯等"的记载，这说明早在2000多年前，生姜就已经成为中国的重要经济作物。

姜是中国烹饪中的主要调味品，辛辣芳香，溶解到菜肴中去，可使原料更加鲜美。民间自古就有"饭不香，吃生姜"的谚语。在炖鸡、鸭、鱼、肉时放些姜，可使肉味醇厚。做糖醋鱼时用姜末调汁，可获得一种特殊的甜酸味。醋与姜末相兑蘸食清蒸螃蟹，不仅可去腥尝鲜，而且可借助姜的热性减少螃蟹的寒性。故《红楼梦》中说道，"性防积冷定须姜"。

姜不只是烹饪菜肴的调味佳品，其药用价值也很大，具有发汗解表、

姜

温中止呕等功效。红糖姜汤更是成为中国各地普遍采用的治疗感冒的民间处方，每天喝两三杯姜饮料，对身体十分有益。

历史悠久的蒜

早期的中国没有蒜，西汉时期，汉武帝派遣张骞出使西域带回很多域外物种，大蒜就是其中之一。大蒜传入中国后，很快成为人们日常生活中的美蔬和佳料，作为蔬菜与葱、韭菜并重，作为调料与盐、豉齐名，食用方式多种多样。

魏晋时期，大蒜的种植规模迅速扩大。据说晋惠帝在逃难时，还曾从民间取大蒜佐饭。食蒜之俗已经深入社会的各个阶层。

南北朝时期，食蒜习俗得以进一步扩大，出现了很多新的食用方式。贾思勰的《齐民要术》中就记载了一种"八和齑"的复合调料，其中重要的一味原料就是大蒜。

到了唐代，食蒜之风大为兴盛，蒜成为一些人的生活必需之品。宋代时期，食蒜风气更为流行，还出现了很多新的蒜食烹制方法。如浦江吴氏《中馈录·制蔬》就介绍了蒜瓜、蒜苗干、做蒜苗方、蒜冬瓜四种食蒜法。由此可见，宋代人食蒜的方式比较多元，不仅生食，还用于烹调。

元明时期，人们已经掌握了大蒜的各种食用功效，此时人们的烹蒜手法也更为成熟。

到了清代，人们的食蒜方式已经接近今天，此时的烹蒜方式也逐渐分为南北两大派系。北方的烹蒜法在山东人丁宜曾的《农圃便览》中有详细的记载。如"水晶蒜"："拔苔后七八日刨蒜，去总皮，每斤用盐七钱拌匀，时常颠弄。腌四日，装瓷罐内，按实令满。竹衣封口，上插数孔，倒控出臭水。四五日取起，泥封，数日可用。用时随开随闭，勿冒风。"

蒜

南方的烹蒜法，总的来讲手法细腻，加工讲究。如《调鼎集》中记载了江浙一带的烹蒜方式。如"腌蒜头"："新出蒜头，乘未甚干者，去干及根，用清水泡两三日，尝辛辣之味去有七八就好。如未，即将换清水再泡，洗净再泡，用盐加醋腌之。若用咸，每蒜一斤，用盐二两，醋三两，先腌二三日，添水至满封贮，可久存不坏。设需半成半甜，一水中捞起时，先用薄盐腌一二日，后用糖醋煎滚，候冷灌之。若太淡加盐，不甜加糖可也。"但是南方人的好蒜程度比不过北方人。

香气浓郁的花椒

　　早期的花椒是一种敬神的香物。花椒资源的开发经历了 2000 多年的历史，从最初的香料过渡到调味品，就经历了近千年的时间。

　　先秦时期，人们认为"花椒"虽然不能用来果腹充饥，也不能单独食，但是花椒果实红艳，气味芳烈，于是人们以之作为一种象征物，借以表达自己的思想情感。可见，早期的花椒是作为香物出现在祭祀和敬神活动中，这就是先民对花椒的最早使用。

　　后来花椒逐渐成为一种调味品。南北朝时期吴均在《饼说》中罗列了当时一批有名的特产，其中调味品有"洞庭负霜之桔，仇池连蒂之椒，济北之盐"，以之制作的饼食"既闻香而口闷，亦见色而心迷"。元代忽思慧的《饮膳正要》、清代薛宝辰撰写的《素食说略》等都有对花椒调味的相关记载。

　　花椒不仅是一种上好的调味品，还是治疗疾病的良药。在中国上古时期，花椒就被认为是人与神沟通的灵性之物，并被封为法力无边的"玉衡星精"。可见在先人心中花椒就是济世之物。中国最早的药学专著《神农本草经》记载：花椒能"坚齿发""耐老""增年"。唐代孙思邈在《千金食治》中记载："蜀椒：味辛、大热、有毒，主邪气，温中下气，留饮宿。"由此可见，花椒是中国的传统中药，其药用价值毋庸置疑，随着科技的进步，它还会得

花椒

到更为有效的利用。

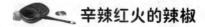 **辛辣红火的辣椒**

辣椒是一种茄科辣椒属植物，最常见的主要有青辣椒和红辣椒。新鲜的青辣椒、红辣椒可做主菜食用，红辣椒经过加工还可以制成干辣椒、辣椒酱等用于菜肴的调料。辣椒原产于美洲墨西哥、秘鲁等国，最先由印第安人种食。15世纪末，哥伦布发现美洲之后把辣椒带回欧洲，并由此传播到世界各地。

据说辣椒是在明代郑和下西洋时传入中国，起先作为观赏植物，后来与花椒、茱萸等两种本土植物一起，成为中国"三大辛辣"食品。

在辣椒传入中国之前，民间主要辛辣调料是花椒、姜、茱萸，其中花椒在中国古代辛辣调料中地位最为重要。辣椒进入中国，最初的名字叫番椒、地胡椒、斑椒、狗椒、黔椒、辣枚、海椒、辣子、茄椒、辣角、秦椒等。最初吃辣椒的中国人均居住在长江下游，即所谓"下江人"。下江人尝试辣椒之时，四川人尚不知辣椒为何物。辣椒最先从江浙、两广传来，但是并没有在那些地方得到充分利用，却在长江上游、西南地区得到充分利用，这也是四川人在饮食上吸取天下之长，不断推陈出新的结果。

辣椒的快递发展可以从清朝初期开始算起，最先开始食用辣椒的是贵州及其相邻地区。在盐巴缺乏的贵州，康熙年间就有"土苗用以代盐"，当时的辣椒起了盐的作用，可见其与生活关系之密切。从乾隆年间开始，贵州地区已经大量食用辣椒，与贵州相邻的云南镇雄和贵州东部的湖南辰州府也开始食用辣椒。

嘉庆以后，黔、湘、川、赣等地普遍种植辣椒。有记载说，由于辣椒在江西、湖南、贵州、四川等地大受欢迎，农民开始"种以为蔬"。道光年间，贵州北部已经是"顿顿之食每物必番椒"；同治时，贵州一带的人们"四时以食"海椒。

湖南在道光、咸丰、同治、光绪年间，食用辣椒已很普遍。湖南、湖北人食辣已经成性，连汤都要放辣椒了。同时，辣椒在四川"山野遍种之"。光绪以后，四川经典菜谱中有大量食用辣椒的记载。清末傅崇矩编撰的《成都通览》载，当时成都各种菜肴放辣椒的有1328种，辣椒已经成为川菜主要的

辣椒

作料之一。清代末年，食椒已经成为四川人饮食的重要特色。

辣椒传入中国600多年，有人戏称其实现了一场"红色侵略"，抢占了传统的花椒、姜、茱萸的地位，花椒食用被挤缩在四川盆地之内，茱萸则完全退出中国饮食辛香用料的舞台，姜的地位也从饮食中大量退出。辣椒至今不衰，其威力几乎是任何辛辣香料都无法比拟的。

知识链接

泡馍食客自己掰

俗语说：没吃牛羊肉泡馍，不算真正到西安，到西安必定要品尝这"三秦第一碗"。西安的馍状似烧饼，它不是咬着吃的，厨师只将它烧到八

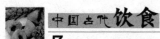

成熟，让食客自行掰成一小块一小块的，再端回厨房，经调料师傅加工后才可吃。而再次从厨房端出来的便是地地道道的牛羊肉泡馍了。吃到嘴里，馍筋味醇，实为佳肴。

第三节
饮食器具趣谈

 美食与美器的千古绝配

清代袁枚在《随园食单》中引用过一句古语，云"美食不如美器"。这句古语源之何时，不得而知，但讲究美器的文化传统，在中国起源是相当早的，一直可以上溯到史前时期。美食不如美器，这话里表达的意境并不是器美胜于食美，也不是提倡单纯的华美的器具，而是说食美器也美，美食要配美器，求美上加美的效果。有了这种追求，再附以生产力的发展和科学进步为背景，许多不同质料的器具便不断被发明出来。

中国饮食器具之美，美在质，美在形，美在装饰，美在与馔品的和谐。中国古代食具之美，从不同时代发明的陶器、瓷器、青铜器、金银器、玉器、漆器和玻璃器上均得到充分展现。

1. 陶器

作为食具使用的陶器，伴随人类饮食生活的时间最长。中国新石器时期的居民，广泛制作和使用陶质食具。这些食具往往是陶器中最精致的物品，倾注了先民们的巧思。作为食具的陶器，成形后外表打磨光滑，并以刻画或彩绘等方式装饰精美的图案。新石器时代惯常使用的饮食器具主要有杯、盘、碗、盆、钵、豆（高足盘）、小鼎几类，出土数量很多。这些器类在地域分布上有一些明显的特点，如东部地区多鼎、豆、杯，西部地区多碗、盆、钵，南部地区多杯、盘、碗，反映出各地饮食方式上的差异。

随着制陶工艺的发展，新石器时期的食具烧制的质量越来越好，不论是从质料、造型，还是从装饰风格这个角度，即便以现代的眼光看，许多器具都颇具欣赏价值。新石器时期的制陶业出现过两个高峰，其代表性产品分别是彩陶和黑陶。考古发掘到了大量的彩陶器皿和黑陶器皿，制作之精美，使考古学家惊叹不已。

彩陶在中国最早出现在距今7500年以前，最初的彩陶是在红色器皿的口沿部绘一周带状红彩。从距今6500—4500年前，是中国新石器时期彩陶繁荣期，仰韶、大汶口、大溪、屈家岭、马家窑文化的居民都拥有先进的彩陶工艺。新石器时期末期，制陶技术又有很大发展，采用轮制成形技术，陶窑构筑更为科学，烧制温度也有了明显提高，制出了前所未见的精美黑陶——饮食器具。黑陶的主要器形都是较小的杯盘类饮食器具，有的陶胎很薄，称为蛋壳黑陶。陶色发黑以后，已不适宜采用彩绘手法来进行外表装饰，这样的器皿虽不见五彩的外衣，但沉稳的黑色给人的美感显然不在彩陶之下。最漂亮的黑陶大汶口文化彩陶豆器皿是山东龙山文化居民制作的，而且多为酒具。先民对饮酒所用器具之美，要求似乎更高一些。江南良渚文化所见磨光黑陶也很精致，有的还压画有繁复的行云流水纹饰，是难得的工艺品。

庙底沟文化彩陶盆

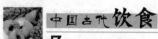

 2. 瓷器

现代最普遍的食器是瓷器，瓷器耐高温，光洁度好，有很高的使用价值和欣赏价值。瓷器的制作与使用已风靡全球，中国是它的诞生地。古代中国人的智巧勤劳，为全人类造就了如此合宜的食器，这在中国饮食史上是最光彩的篇章之一。

瓷器的发明，是奠基在制陶工艺发达的基础之上的，不同的是原料，瓷器用的是瓷土或瓷石，并且挂有瓷釉。瓷器质地紧密，烧结温度高，具有不吸水或吸水率低的特点；瓷釉透明，呈玻璃质，也具备不吸水的优点。早在三千多年前的商代，中国就成功烧制出原始瓷器。标准意义上的瓷器出现在东汉时代，挂青色釉，所以称为青釉瓷器。北方自北朝时代起，开始烧制白釉瓷器，到唐代白瓷工艺已相当成熟。南方仍以制作青瓷为主。所以唐代制瓷的这种地域性特点称为"南青北白"。唐代还出现了高温釉下彩的技术，瓷器的美化趋势开始显露出来。

宋元时期，已是中国瓷器发展的繁荣时期。宋代饮食器具普遍使用瓷器，龙山文化黑陶食器、酒具、茶具都以瓷器充任，所以瓷器需求量极大。考古发现许多宋代制瓷作坊窑址，出土不少古瓷珍品。宋代名窑众多，体现出鲜明的地域特点，异彩纷呈。五大名窑之一的定窑以产优质白瓷风靡一时，烧制出大量宫廷用瓷。定瓷以刻花和模印作为主要装饰手段，刻纹有折枝、缠枝、云龙、莲荷，印花有牡丹、石榴、菊花、萱草、鸳鸯、孔雀等，秀美典雅。定瓷还有加镶金口、银口或钢口的，又透出一种高贵的气质，多为贡瓷所用。定瓷饮食类器皿主要有碗、盘、杯、碟等，不乏龙山文化黑陶小巧精致的珍品。磁州窑是北方最大的民间瓷窑，烧制大量平民用饮食器具，色彩丰富。黑彩划花器是其中的极品，器表黑白反差强烈。耀州窑也是规模很大的民间瓷窑，以青釉为主，也有黑釉、白釉。耀瓷刻花精巧，纹饰优美，有范金之巧，如琢玉之精。钧窑作为五大名窑之一，也属北方青瓷系列，其独到之处在于釉内含少量铜、铁、锡、磷等金属氧化物，烧成乳浊釉，釉色青中泛红，十分艳丽。钧窑的釉色主要有茄皮紫、玫瑰紫、葡萄紫、朱砂红、海棠红、鸡血红、宝石红、霁红、桃花片、葱翠青、鹦哥绿、雨过天青、月白风清等色，其中以朱砂红最为珍贵。被列为五大名窑之首的汝窑，以烧制青瓷贡品而闻名。汝瓷胎质细洁，采用玛瑙入釉，烧成十分纯正的天青色，并首创人工开片纹。汝瓷传世品和发掘品数量都不多，所以就更显其珍贵了。

南方瓷窑最著名的是龙泉窑和景德镇窑。龙泉窑属青瓷系列，主要烧制民用饮食器皿，釉色有可与翡翠相媲美的梅子青，有雅如青玉的粉青釉，它的釉色工艺是古代青瓷制作的最高水准。景德镇窑烧制具有独特风格的青白瓷，釉色在青白之间，青中见白而白中泛青，又称为"影青"，有"晶莹如玉"的美誉。元代中期以后，景德镇开始烧制大量精美绝伦的青花瓷，奠定了它的瓷都地位。青花瓷的出现，被认为是中国瓷史上划时代的事件。青肌玉骨的青花瓷最具东方民族风格和艺术魅力，这是一种笔绘着色工艺，用氧化钴作主要着色剂，着色力强，呈色稳定，瓷品显得明净素雅。青花瓷不仅受到国内大众的喜爱，而且还大批销往国外，直到今天，也仍是餐饮用瓷的主要品种之一。

中国古代最美的瓷品中，值得提到的还有明清的彩瓷。明代的彩瓷成就表现在"斗彩"的烧制成功上，器皿釉上釉下都绘彩，给人一种争妍斗美的新奇感。清代又有了珐琅彩，这是一种御用瓷。此外又有粉彩，也是一种釉上彩，具有极高的艺术欣赏价值。

历代饮食类瓷器的造型，大都小巧精致，注重实用。上流社会使用的瓷器，更注重艺术欣赏价值，这些瓷器往往都是无价的珍品。可以说，美食美器的传统，主要是由贵族们代代相传的。

 3. 青铜器

最能体现贵族风尚的，还是庄重威严的青铜器。考古学家将青铜器的铸造与使用看作早期文明时代的一个标志，直称为青铜时代。中国的青铜时代通常指的是夏商周三代，尤其是商周两代，是青铜器使用最为普遍的时期。

商代早期的青铜饮食器具只有爵和斝，外表素面无饰，都是酒器。中期增加了鼎、簋、瓿、卣、盘等，有了简单的纹饰。晚期出现了许多新的器形，有了繁缛的纹饰，盛行狰狞的兽面纹，体现出一种庄重之美。西周早期的青铜器具基本沿用了商代的传统，风格较为相似。中期出现简朴的发展趋势，造型多变的重型礼器逐渐消失，出现了列鼎等成套礼器。晚期铜器更趋简朴，小件实用饮食器具发现较多。纹饰比较简洁，不过习惯加铸长篇铭文，所以铸器的纪念意义更为明显。

东周铜器种类又有明显变化，酒器明显减少，食器数量增加，列鼎制度仍在沿用。铜器纹饰也有很大改变，过去常见的兽面纹已不时兴，代之而起的是动植物纹、几何纹和大场面的图像纹。装饰还广为采用了镶嵌、镏金、金银错、细线刻等新工艺，使铜器更显富丽堂皇。自汉代开始，作为饮食器具的铜器并没有完全退出人们的食案，不过无论种类、数量、纹饰，都不能同商周时期相提并论了。

4. 漆器

在青铜器开始衰落的东周时代，一种新质料的器具普遍流行开来，这就是漆器。漆器的普及客观上加速了青铜器的衰落过程，促成了一个新饮食时代的到来。

漆工艺的出现可以上溯到新石器时期，商周时期漆器工艺得到进一步发展，有了金银箔贴花和最早的螺钿技术，使得饮食类漆器更富有光彩。到战国时代，漆器工艺发展到前所未有的繁盛时期。漆器应用到生活的各个方面，属于饮食所用的有耳杯、豆、樽、盘、壶、盂、鼎、卮、食具箱和酒具箱等。漆色十分丰富，有鲜红、暗红、浅黄、黄、褐、绿、蓝、白、金诸色。纹饰也相当丰富，以图案和绘画作装饰，透出一种秀逸之美。

汉代耳杯

古代漆器工艺发展的鼎盛时期是西汉，汉代漆器出土数量很多，不少保存得也很好，而且大多为饮食器皿。当时精美的漆器造价很高，按《盐铁论·散不足》的说法，"一杯棬用百人之力，一屏风就万人之功"，其珍贵可以想见。首先是宫廷的饮食器皿基本都以漆器充任，出土漆器刻有"大官"

"汤官"字样，即为宫廷用器。其次贵族官僚也崇尚漆器，使用数量也很大。长沙马王堆两座汉墓用于随葬的漆器近五百件，作为饮器和食器的耳杯就有半数之多。

汉代以后，作为饮食器皿的漆器数量锐减，这当与瓷器的兴起有关。不过各代仍能制出一些漆器精品，如唐代华丽的金银平脱和雕漆（剔红、剔犀）漆器，宋代一色和螺钿漆器，明清的描金、雕填、戗金、百宝嵌漆器等。百宝嵌是用各种珍贵材料，如珊瑚、玛瑙、琥珀、玳瑁、螺钿、象牙、犀角、玉石等做成嵌件，在漆器表面镶成绚丽华美的浮雕画面，显示出一种别类漆器不见的珠光宝气效果。

 5. 金银器

古代中国不似西方那样喜欢用金银打造食器，较早的金银饮食器皿是属于战国时代的，曾侯乙墓出土的金盏和金杯是所见不多的例子。西汉以后直至唐代，见到一些舶来的金银器皿，造型及纹饰都不属中国传统文化范畴。唐代自公元8世纪中叶起，金银器的制作渐入盛期，出土不少仿自西方的器皿，有的为西器造型东方纹样，别具一格。唐时也制作了不少纯唐式的金银器皿，或清素典雅，或富丽玲珑，工艺十分精湛。唐代金银器的主要器形有杯、壶、碗、盘、盒等，一般全都饰有精美的花草类纹饰，显得富丽堂皇。更有一种"金花银器"，器表刻纹后又经镏金处理，十分绚美，它是唐以前所不见的新兴金银工艺。

考古发现的唐代金银器已达千件以上，是仅限于上层统治者使用的高档饮食器具，所以它的辉煌之美，不是一般人所能欣赏得到的。唐代以后，作为饮食器的金银器制作已没有那样大的规模，使用的范围多限于皇族和高级官吏，明代帝陵中就有发现，清代宫廷中也保存不少。

 6. 玻璃器

古代高级的饮食器皿，还有所见不多的玻璃器。玻璃器出现在先秦时代，汉代已有了玻璃杯盘，同时也输入了一些罗马玻璃器皿。两晋南北朝时期，

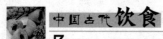
除罗马玻璃器外，又输入了一些萨珊玻璃器。北朝时中国已掌握吹制玻璃技术，到唐代时已有不少本土生产的玻璃器皿。

西周宰兽簋玻璃杯在唐代是备受欢迎的高级饮器，它的亮丽之美是其他器皿所不能比拟的。有关唐史的典籍就有不少外国遣使进贡玻璃杯的记载，也有一些使用玻璃杯的记述，如《太真外传》中就有"太真持玻璃七宝杯，酌凉州所献葡萄酒"的话，表明玻璃杯在当时也不是一般人所能享用得了的。

中国古代饮食器具不限于前述这几种质料，但一些主要品种大体包括在其中了。彩陶的粗犷之美，瓷器的清雅之美，青铜器的庄重之美，漆器的秀逸之美，金银器的辉煌之美，玻璃器的亮丽之美，都曾给使用它的人带来美食之外的又一种美的享受。

筷子的历史

最能体现中国文化特色的是筷子，筷子又称箸，它的使用可能已有近6000年的历史，筷子被看作是中国的国粹之一。在《礼记》上就记着"子能食食，教以右手"。就是说孩子到能吃饭的时候，你一定教他用右手拿筷子吃饭。考古发现的各时代的筷子，有骨质的，有铜质的，也有金、银、玉和竹木质地的。

比起勺子和叉子来，国人对筷子有更为特别的感情，朝夕相处，每日做伴，"不可一日无此君"。虽然如此，我们对筷子的历史，却未必人人都能道得出究竟，论说起来就有不识庐山真面目的遗憾了。

中国古代箸的出现要晚于餐勺。自从箸出现以后，它便与餐勺一起，为人们的进食分担起不同的职能。

虽然箸的形状是那样的小巧，不过考古发掘获得的古箸数量却不少。年代最早的古箸出自安阳殷墟1005号墓，有青铜箸6支，为接柄使用的箸头。湖北清江香炉石遗址发掘时，在商代晚期和春秋时代的地层里都出土有箸，有骨箸，也有象牙箸，箸面还装饰着简练的纹饰。春秋时期的箸还见于云南祥云大波那木椁铜棺墓，墓中出土铜箸二支，整体为圆柱形。

筷子

到了汉代，箸的使用非常普遍，它也被大量用作死者的随葬品。考古发现汉代的箸除铜箸外，多见竹箸，湖北云梦大坟头和江陵凤凰山等地，都出土了西汉时的竹箸。云梦大坟头一号汉墓出土竹箸16支，一端粗一端细，整体为圆柱形。马王堆汉墓也有竹箸出土，箸放置在漆案上，案上还有盛放食品的小漆盘、耳杯和酒卮等饮食器具。在云梦和江陵汉墓出土的竹箸，一般都装置在竹质箸筒里，有的箸筒还有几何纹彩绘图案。

东汉时的箸，考古发现的大都是铜箸。湖南长沙仰天湖八号汉墓发现的铜箸二支，首粗足细，整体为圆柱形。在山东和四川等地的汉墓画像石与画像砖上，也能见到用箸进食的图像。

隋唐时期的箸，考古发现较多，箸的质料有明显变化，很多都是用白银打制的，文献记载唐代还有金箸和犀箸。考古所见年代最早的银箸，出自长安隋代李静训墓，箸两端细圆，中部略粗。浙江长兴下莘桥发现的一批唐代银器中，有银箸30支，也是中部稍粗。江苏丹徒丁卯桥出土的一批唐代银器

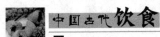
中，有箸 36 支，一端粗一端细。隋唐时期的箸，大都为首粗足细的圆棒形，长度一般在 28～33 厘米上下。

宋代的箸，考古发现也不少。如江西鄱阳湖北宋大观三年墓出土银箸两双，长 23 厘米，首为六棱柱形，足为圆柱形。四川阆中曾意外发现一座南宋铜器窖藏，一次出土铜箸多达 244 支，铜匙 111 件，铜箸首部亦为六棱形，足为圆柱形。成都南郊的一座宋代铜器窖藏中，发现首粗足细的圆柱形铜箸 32 支。

元代的箸略有增长的趋势，如安徽合肥的一座窖藏中有银箸 110 支，其中长 25.6 厘米的有 106 支，首部截面呈八角形。

宋辽金元的箸，形制比起以往，并没有明显的变化，大都是圆柱形或圆锥形，也有六棱形、八棱形，比较重视箸首的装饰。长度一般为 23～27 厘米，最短的为 15 厘米。

明清两代，箸的形状有了明显变化，流行款式大都是首方足圆形，也有圆柱形的。明代开始有了类似现代这样的标准的首方足圆箸。四川珙县悬棺中发现竹箸一支，首方足圆、满髹红漆，上有吉祥话语题字。

清代的箸，由帝妃使用的箸品可见其奢华。光绪二十八年二月《御膳房库存金银玉器皿册》记载了当时宫中所用的餐具，其中筷子有：金两镶牙筷 6 双、金镶汉玉筷 1 双；紫檀金镶商丝嵌玉筷 1 双；紫檀金银商丝嵌玛瑙筷 1 双；紫檀金银商丝嵌象牙筷 16 双；紫檀商丝嵌玉镶牙筷 2 双；银镀金两镶牙筷 1 双；包金两镶牙筷 2 双；铜镀金驼骨筷 8 双；铜镀金两镶牙筷 2 双；银镀金筷 2 双；银两镶牙筷大小 35 双；紫檀商丝嵌玉金筷 1 双、象牙筷 10 双；银三镶绿秋角筷 10 双；银两镶绿秋角筷 10 双；乌木筷 14 双。这些筷子用料珍贵，制作考究。清代箸的款式，与现代箸已少有区别，首方足圆为最流行的样式，箸面还出现了图画题词。工艺考究的箸不仅是实用的食具，也是高雅的艺术品。

使用筷子需要有一定的技巧，因为它是世界上所有进食具中最难掌握的一种，两支筷子之间没有任何机械性联系，全靠大拇指、食指和中指三指恰当掌握，辅以无名指的协作，方能运用自如。

华夏民族在历史上拥有过世界各地区常用种类的进食具。在所有以往使用过的进食具中，筷子具有比之刀、叉还要轻巧、灵活、适用的优点。我们的历史曾经淘汰了叉子，但筷子的地位依然稳如泰山，一丝也没有动摇。

中国古代炊具

中国食器文化源远流长，炊具一直被视为食器文化的重要内容。中国历史上最原始的炊具就是在土地上挖成的灶坑，这种灶坑在新石器时代甚为流行，并发展为后世的用土或砖垒砌成的不可移动的灶。秦汉以后，绝大多数炊具必须与灶相结合才能进行烹饪活动，灶因此成为烹饪活动的中心。

1. 鼎

新石器时代的鼎是上古时期的主要炊具之一。到了商周时期，开始盛行青铜鼎，有圆形三足，也有方形四足。因功能的不同，又有镬鼎、升鼎等多种专称，主要是用来煮肉和调和五味。青铜鼎多在礼仪场合使用，而日常生活所用主要还是陶鼎。秦汉时期，鼎作为炊具的意义已大为减弱，演化成标示身份的随葬品。秦汉以后，鼎变为香炉，完全退出了饮食领域。

鼎   鬲

2. 鬲

考古发掘证实，最早的鬲产生于新石器时代的晚期，到了战国时期鬲就已经退出历史舞台，所以文献中关于鬲的记载很少。在青铜鬲出现之前，陶鬲一直是主要的炊器。在制作陶鬲时，一般要在黏土中加入一定比例的砂粒、蚌粉或谷壳，以便在煮食过程中能承受高温并保存热量。鬲的外形似鼎，但三足内空，目的是为了增大受热面积以更好地利用热能，它的主要用途是煮粥、制羹和烧水，同时也作为祭祀用的礼器而存在于夏商周时期。

3. 甑

甑是一种复合炊具，只有和鬲、鼎、釜等炊具组合起来才能使用，相当于现在的蒸锅。甑就是底部有孔的深腹盆，是用来蒸饭的器皿，它的镂孔底面相当于一面箅子，把它放置在炊具上，炊具中煮水产生的蒸汽通过中空的内柱进入甑内并经由柱头的镂孔散发开来，由于上部加有严密的盖，柱头散发的蒸汽无法外泄而只能弥漫于腹内，其热量就把围绕中柱放置的食物蒸熟。

4. 釜

釜产生于新石器时代中期，在中国古代曾写作"鬴"，实际就是圆底锅。"釜底抽薪"的"釜"，即是此义。商周时期有铜釜，秦汉以后则有铁釜，带耳的铁釜或铜釜叫鍪。釜单独使用时，需悬挂起来在底下烧火，大多数情况下，釜是放置在灶上使用的。

5. 甗

甗是中国古代的一种复合炊具，下部烧水煮汤，上部蒸干食。陶甗产生于新石器时代晚期，商周时期有青铜甗，秦汉之际有铁甗，东汉之后，甗基本消亡，所以现代汉语中没有相关的语汇。东周之前的甗无论陶制还是铜制，多是上下连为一体的，东周及秦汉则流行由两件单体器物扣合而成的。

6. 鬶

鬶是中国古代炊具中个性最为鲜明的一种炊具，它是将鬲的上部加长并做出流口，一侧再安装上把手而成。鬶只流行于新石器时代晚期的大汶口文化和山东龙山文化，其他地域罕有发现。鬶的功用与鬲相同，也是烹煮食品的器具，但因它具有尖嘴和把手，所以无需借助于勺而可以直接将煮好的食品倒入食具且不致溅溢，因而在功能上较鬲先进。

7. 斝

陶斝产生于新石器时代晚期，当时也是空足炊具之一，是煮水煮粥的炊具。进入夏商周时期，斝变为三条实足，且多用青铜制成，但已是酒具而不是炊具了。商代以后，斝由盛转衰以至绝迹。

中国古代盛食器

在盛食器具中最为常见的是盘，新石器时代陶盘就已经广泛使用，此后盘一直是餐桌上不可或缺的盛食用具。盘是中国古代食具中形态最为普通、形制最为固定、年代最为久远的器皿，包括陶、铜、漆木、瓷、金银等多种质料。最为常见的食盘是圆形平底的，也有方形的。

碗也是中国饮食用具中最常见、生命力最强的器皿。碗似盘而深，形体稍小，最早产生于新石器时代早期，历久不衰且品类繁多。商周时期稍大的碗在文献中称为"盂"，既用于盛饭，也可盛水。秦以后盂的功能和名称发生变化，既可盛水，也可盛粥盛羹，形态越来越小。此外，新石器时代的陶盆也是食器，式样较多，多为圆形。秦汉以后盆的质料虽多，但造型一直比较固定，与今天所用基本无异。除了盘、碗、盆之外，在中国古代还有很多其他盛食器皿。

1. 豆

豆在古代是用来盛放食品的器具，是一件加有高底座的浅盘。新石器时代晚期就已经产生了陶豆，除陶豆以外，还有木豆、竹豆，商周以后更盛行青铜豆。豆沿用至商周时期，汉代已基本消亡。

 2. 俎

俎的历史十分久远，据考古发现，夏商周时期就已经出现俎，当时既有石俎，又有青铜俎。俎既可用来放置食品，也可用来做切割肉食的砧板。当时的俎也是祭祀用的礼器，使用介于镬鼎、升鼎和豆之间，是承载、切割肉食的器具，常常"俎豆"连用。

3. 案

案和俎在形态和功用上颇为相似，秦汉之后人们便开始将这类器具称为"案"。案大致可分两种：一种案面长而足高，可称几案，既可作为家具，又可用作"食案"；另一种案面较宽，四足较矮或无足，上承盘、碗、杯、箸等器皿，专作进食之用，可称为椸案。

4. 簋

簋仅存在于夏商周时期，是一种圆形的大碗，方形的则叫作簠。簠簋常连用，专指商周时期的青铜盛食器。在青铜器产生之前，此类器物是陶质或竹木质。在当时这种器具除作为日常用具外，更多地用作祭祀礼器，且多与鼎连用。

5. 盒

盒产生于战国时期，流行于西汉早中期，是一种由盖、底组合成的盛器，用以装放食物，有的盒内分许多小格。自西汉至魏晋，流行于南方地区，被

簋

称为八子樏，后来发展出方形，统称为多子盒，无盖的多子盒又叫格盘，此
类器具均是用来盛装点心。

 6. 敦

敦产生于春秋中期，呈圆球状或椭圆状，由上下两个造型完全相同的
三足深腹钵扣合而成，上下均有环形三足两耳，一分为二，上体为盖，倒
置后也可盛食，与器身完全相同。敦的形态是由鼎和簋相结合演变而
成的。

知识链接

面锅里面煮锅盖

这是江苏镇江的一个非常有趣的饮食怪俗。传说从前镇江有一对夫妻，丈夫老是有病，胃口不开。妻子给他下面吃，不是嫌太硬，就是嫌太烂。一次，在煮面时，不小心将汤罐盖子碰到锅里面去，谁知，丈夫吃了这碗面爽口适味。以后，妻子天天给丈夫烧锅盖面吃，从此，锅盖面在镇江便传开了，成了远近闻名的风味小吃。

古代饮食烹饪技艺

　　在长期的饮食制作过程中,古代中国人
摸索形成了一整套的用料、刀工、配菜、火候、
调味技巧,并配合炒、蒸、煮、煎、烤等手法,显
示了非同一般的烹饪技巧。

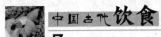

第一节
中国烹饪的制作工艺

　　烹饪是对食物原料进行合理的选择调配、加热调味，使之成为人们需求的饭食菜品。烹调是指将原料进行加工、热处理以及投放适量的调味品等烹制菜肴的过程。烹饪与烹调的区别在于烹调单指菜肴制作，烹饪还包括主食的制作。在餐饮业中，烹调的制作叫"红案"，点心、饭食等主食的制作叫"白案"。

刀工技艺

　　刀工就是根据烹调与食用的需要将各种原料加工成一定形状，使之成为组配菜肴所需要的基本形体的操作技术。烹饪任何菜肴都离不开刀工这道重要的工序。主要可以分为十二种刀法：切、片、削、剁、剞、劈、剔、拍、剅、旋、刮、食雕。经常使用的包括直刀法、平刀法、斜刀法和剞刀法。

1. 直刀法

　　直刀法是刀刃与砧板面和原料成直角的一种刀法。根据原料性质和烹调要求的不同，直刀法又分为"切""劈""斩"三种。切是将刀对准原料，垂直推拉，上下运动，一般用于无骨的原料。劈适用于带骨的或者质地坚硬的原料，劈是用大小臂的力量，用力将原料片开。斩是将原料制成茸或末状的一种刀法，一般适用于无骨的原料，通常是左右两手同时执刀，间断落刀，因此也称为排斩。

2. 平刀法

平刀法在操作时，刀与砧板基本呈平行状态，刀刃由原料一侧进刀，从另侧出来，从右到左，将原料片开的一种刀法。可分为平刀片、推刀片、拉刀片三种。

3. 斜刀法

斜刀法是刀面与砧板面成小于90°角，刀刃与原料成斜角的一种刀法。可分为正斜刀和反斜刀两种。

4. 剞刀法

剞刀法又称锲刀、混合刀法，是将原料划上各种刀纹，但不切（片）断。剞的目的是为了使原料在烹调时易入味，可以用旺火在短时间内使菜肴迅速成熟，并保持脆嫩。剞刀时，应根据原料的性质及用途，一般情况下进刀深度约为原料的三分之二或四分之三。通常剞刀法又分为推刀剞和直刀剞。

配菜技艺

由于中国烹饪的用料具有"用料广博，物尽其用"的特点，因而特别讲究配菜技艺。这直接关系到菜肴的色、香、味、形以及营养价值。配菜分为生配和熟配。生配用于制作热菜，是刀工与烹调之间的承接环节。熟配用于制作凉菜，是刀工与烹调之后的收尾环节。配菜要讲究五个原则。

1. 比例适当

由于原料分为主料、辅料、调料和配料，一般主料和辅料搭配，必须突出主料，辅料应适应主料，起到衬托和点缀的作用，当然有些菜肴无主料辅料之分，互为衬托。

三丝翡翠鱼片卷

 2. 色彩和谐

原料在色彩搭配上要做到鲜艳不俗，素雅不单调，包括顺色搭配和异色搭配。顺色指所配的几种原料颜色接近，此类多为白色，所用调料也是盐、味精、白酱油、浅色料酒等。这类菜肴保持了本色，素雅清爽，鱼翅、鱼肚等适宜顺色搭配。异色搭配是将不同颜色的主料和辅料搭配，让主料色泽更加突出。如三丝翡翠鱼片卷，是将青红椒丝、姜丝与白色鱼片搭配，红黄白绿相间，赏心悦目。菜肴的配菜要考虑盛器，顺色搭配一般用花色艳丽的盛器盛装，反之白色食器一般盛装异色搭配的菜肴。

 3. 浓淡相宜，突出本味

有的菜肴配料清淡，是为了突出主料味道之浓厚。清淡型菜肴则是采用淡淡相配的原则，凸显原料的本味，如烧双冬。有些菜肴在味配时主要采用异香相配的原则，主料、配料各具不同的特殊香味，异香融合，别有风味。而有些烹饪原料味太浓，只宜独用，不宜多用杂料。

 4. 形状协调美观

"形"是指经刀工处理后的菜肴的主辅料的形状。搭配方法通常有两种：一是同形配，即主辅料的形态大小保持一致，所谓"丁配丁、丝配丝、片配片、块配块"，如鱼香肉丝、炒三丁等；二是异形配，主辅料的形状不同、大小不一。

 5. 质地和谐可口

质地和谐可口主要是考虑适应烹调和食用的需要。要遵循两个原则。一是同质相配，即主辅料要软配软，如芙蓉鸡片；脆配脆，如火爆双脆；韧配韧，如海带牛肉丝。二是荤素搭配的原则，无论从营养的角度，还是从食用的角度，都是科学合理的，如豆腐鱼、栗子炖鸡、芹菜肉丝等。

火候技艺

火候，是菜肴烹调过程中，所用的火力大小和时间长短。火候技艺主要与原料和烹调技法紧密相关，如烧、炖、煮、焖等技法多用小火长时间烹调。如佛跳墙在煨制过程中讲究长时间用小火，在煨的过程中不能随便打开看或闻，否则香气容易流失。而凡是外面挂糊的原料，在下油锅炸时，多使用中火下锅、逐渐加油的方法，效果较好。用旺火烹调的菜肴，主料多以脆、嫩为主，如葱爆羊肉、爆炒腰花、水爆肚等。当然有些菜根据烹调要求要使用两种或两种以上火力，如：清炖牛肉就是先旺火，后小火；而余鱼脯则是先小火，后中火；干烧鱼则是先旺火，再中火，后小火烧制。

调味技艺

调味就是菜肴在制作过程中，把菜肴的主辅料与多种调味品适当配合，使其相互影响，产生物理和化学的复杂变化，去其异味、增加美味，形成多种不同风味菜肴的一项技术手段。

中国烹饪把味分为本味和复合味，本味也称基本味、独味，通常包括咸、甜、苦、辣、酸等。俗话说咸味是百味之首，作为咸味的主要来源食盐在烹调中起到了定味、除异和消毒杀菌的作用。复合味即是调和味、混合味，我国的菜肴多是以复合味的形式出现，如椒盐味的菜肴有干炸里脊、软炸虾仁等，怪味的菜肴包括怪味豆、怪味鸡等，此外还有糖醋味的糖醋排骨，荔枝味的宫保鸡丁等。

烹调过程中的调味，一般可分为三步完成。第一步，加热前调味。第二步，加热中调味。第三步，加热后调味。

加热前的调味，又叫基础调味。目的是使原料在烹制之前就具有一个基本的味，同时减除某些原料的腥膻气味。具体方法是将原料用调味品如盐、酱油、料酒、糖等调拌均匀，浸渍一下，或者再加上鸡蛋、淀粉浆给原料上浆，使原料初步入味，然后再进行加热烹调。

加热中的调味，也叫作正式调味或定型调味。当原料下锅以后，在适宜的时机按照菜肴的烹调要求和食者的口味，加入的调味品。有些旺火急成的菜，须得事先把所需的调味品放在碗中调好，这叫作"预备调味"，也称为"对汁"，以便烹调时及时加入，不误火候。一些不能在加热中启盖和调味的蒸、炖制菜肴，更是要在上笼入锅前调好味，如蒸鸡、蒸肉、蒸鱼、炖（隔水）鸭、罐焖肉、坛子肉等，它们的调味方法一般是将对好的汤汁或搅拌好的作料同蒸制原料一起放入器皿中，以便于加热过程中入味。

加热后的调味，又叫作辅助调味。可增加菜肴的特定滋味。有些菜肴，虽然在第一、第二阶段中都进行了调味，但在色、香、味方面仍未达到应有的要求，因此需要在加热后最后定味，例如炸菜往往撒以椒盐或辣油等。火锅涮品（涮羊肉等）还要蘸上很多的调味小料。蒸菜也有的要在上桌前另烧调汁。烩的乌鱼蛋则在出勺时往汤中放些醋。烤的鸭需浇上甜面酱。炝、拌的凉菜，也需浇以对好的三合油、姜醋汁、芥末糊等，这些都是加热后的调味，对增加菜肴特定的风味必不可少。

知识链接

生肉当馍又当菜

　　"下更宝"是青海玉树地区所特有的一种食品。其做法是：在每年的10月至11月期间将牛羊宰杀后，剁成大小相同的块状，或只取净肉切块，也有把整头牛破为18块，穿串悬挂在避光通风处晾干。由于当地独特的气候条件，这样晾制出来的干肉，色、香、味俱佳，且保持了新鲜牛羊肉的营养成分。食用时不用作任何烹调，入口脆嫩鲜美，易饱耐饥，别有风味。特别是天气转暖、青黄不接的春季，"下更宝"更是野外游牧藏民的"食中之王"。

第二节
中国传统烹饪方法

炒：最基本的烹饪方法

　　炒法是传统烹饪中最主要的技法，它是以油为主要导热体，将小型原料用中旺火在较短时间内加热成熟，调味成菜的一种烹调方法。炒法可以分为

百合炒蚕豆

生炒、熟炒、干炒、滑炒、焦炒、软炒等。生炒是以不挂糊的原料为主，先将主料放入沸油锅中炒至五六成熟，放入配料（不易熟的与主料一起放），然后加入调味，迅速颠翻几下，断生即可。这种方法炒出的菜肴汤汁少、原料新鲜。熟炒是先将原料加工成半熟或全熟，切成块、片、丝等形状，再放入有底油的锅中略炒，依次加入调料、配料，翻炒均匀后，勾芡或直接烧入味。干炒分为煸炒和干煸，煸炒是将小型的不易断碎的原料用少量油在旺火中短时间烹调成菜的方法。煸炒要求操作时间短，原料不腌渍、不挂糊、不滑油、不勾芡。干煸是较长时间的煸炒，原料水分减少，口味干香、酥脆。滑炒是将经过精细加工的小型原料上浆滑油，再用少量油在旺火上急速翻炒最后兑汁或勾芡。这种方法能够去除异味，增加脂肪的香味，多适用于鲜嫩的动物性原料。焦炒是将加工的小型原料腌渍后根据菜肴的不同要求，直接炸或拍粉炸或挂糊炸，再用清汁或芡汁调味成菜的方法，其菜肴特点味浓韧脆、焦香。软炒是将液体原料如牛奶掺入调料、辅料拌匀，或加工成泥状的原料加汤水调匀，用少量温油以中小火加热炒制而凝结成菜的方法，或是将鸡蛋调散加入调料和辅料拌匀不用油而用汤水炒制凝结成菜的烹调方法。

蒸：蒸汽加工法

蒸法是将加工好的原料放入蒸笼中，用蒸汽加热成熟菜肴的方法。早在四五千年前，我们的祖先就发明了一种叫"甑"的炊具，《千鼎集·伊尹蒸考》就记载了伊尹蒸雪鹄的故事，《齐民要术》中记载了蒸鱼、蒸鸡的方法，宋代出现了裹蒸法和酒蒸法，明清后出现粉蒸法。

不同原料制作蒸菜时，火力的强弱及时间长短有所差异。质地嫩的原料用旺火沸水蒸 15~18 分钟，如清蒸武昌鱼。原料体形较大，质地老，成菜要求酥烂的一般用旺火沸水缓蒸 2~3 小时，如荷叶粉蒸肉。原料质地较嫩，或经过细致加工，要求保持鲜嫩和塑造形态的适于用中小火沸水缓蒸，如芙蓉蛋膏。

蒸类菜肴按技法可以分为清蒸、粉蒸、包蒸、糟蒸、上浆蒸、果盅蒸、扣蒸、花色蒸、汽锅蒸等。清蒸是将单一口味的原料（一般是咸鲜味）直接调味蒸制，具有汤清、味鲜、质地嫩的特点，如清蒸鳜鱼。粉蒸是指加工腌味的原料上浆后，沾上一层熟玉米粉蒸制成菜的方法，具有糯软香浓、味醇适口的特点，如荷叶粉蒸肉。包蒸是原料腌制入味后，用荷叶、苇叶、芭蕉叶等包裹后而蒸熟的方法，特点是不但保持了原汁原味，而且还有包裹材料的清香。糟蒸是在蒸菜的调料中加入糟卤或糟油使菜品具有特殊的糟香味，注意其加热时间不可太久，否则会有酸味。上浆蒸食鲜嫩原料用蛋清淀粉上浆后再蒸的方法，可以使原料汁液不易流失，还有滑嫩感。果盅蒸是用西瓜、雪梨、木瓜等去掉果心，将原料初加工，放入果盅上笼蒸熟的方法。扣蒸要将蒸熟的菜肴翻扣装盘，如梅菜扣肉。花色蒸也叫酿蒸，是将原料加工成型装入容器中，入屉上笼用中小火较短时间内加热成熟后浇淋芡汁成菜的做法。

煮：慢工细火入味浓

煮法是将食物与其他原料一起放在汤汁或清水中，先用武火煮沸，再用文火煮熟。一般适用于体积小、质软的原料，分为汤煮、水煮、油煮、白煮等。

水煮鱼

　　油煮、水煮和汤煮要将原料经多种方式处理，如要炒、煎、炸、滑油、焯烫等预制成半成品，放入锅中加适量的汤汁和调味料，用旺火烧开，改用中火加热成菜。此法以抑制原料鲜味流失为目的，加热时间不可太久。一般适于纤维短、质细嫩、异味小的原料，口味鲜香、滋味浓厚，代表菜是水煮牛肉。白煮是将加工整理的生料放入清水中，烧开后改用中小火长时间加热成熟，冷却切盘，配调味料成菜的冷菜技法。白煮法选料精细，火候适当，改刀技巧精，调料讲究，味道清香酥嫩，代表菜是白肉片。

煎：干炸生煎酥脆香

　　煎是指将原料经刀工后成扁平状，食物用部分调味品浸渍入味，再进行挂糊或不挂糊，然后放入底油烧热的锅中，用中小火加热，使原料成金黄色，再根据烹调的要求倒入调味品或直接成菜的一种烹调方法。煎的种类可以分为干煎、湿煎、酥煎、煎炒、煎炸、煎焖、半煎、生煎、香煎等。

干煎是将小型原料腌制后拍上面粉直接煎制成菜的方法，或将原料切成扁平的片后，用油炸至七八成熟后，再勾芡待芡汁收干，原料入味。湿煎是将初步加工的原料加入调料底味用生粉上浆或拍上干生粉，用中火定型再用小火煎熟，以适合的调汁收汁入味的方法。酥煎是将原料腌制入味后，挂酥皮糊后再入存底油锅中煎制成熟的烹调方法。煎炒是把原料初加工后，腌制入味上浆或拍粉，用小火或中火进行煎制再调味至成熟的方法。煎炸是将原料先进行煎制后，再用大量油进行炸的一种特殊烹调方法。煎焖是将原料腌制入味，放入底油煎制成熟再加入调料、清水或汤汁，盖锅盖，用微火焖熟至酥的一种烹调方法。半煎是将原料去腥去异味后，腌制底味，上粉浆或不上粉浆，运用小火在锅中进行烹制成菜的方法。生煎是将原料经过刀工处理后，加底味，再上粉浆直接煎制成菜的方法。香煎是将原料改刀成型后腌制入味煎熟成菜，起锅前放入洋酒的方法。

烤：最古老的烹饪方法

烤就是将加工处理好或腌制入味的原料置于烤具内部，用明火、暗火等产生的热辐射进行加热成菜的方法。分为挂火烤、焖炉烤、烤盘烤、叉烤、串烤、网夹烤、炙烤等。

挂火烤是将原料吊挂在大型烤炉中，利用燃烧的明火产生的热辐射把原料加热成熟的方法，如挂炉烤鸭，其特点是色泽枣红、外皮松脆、肉质鲜嫩、香气浓郁。焖炉烤是将原料置于闷烤炉中，用炉壁产生的热辐射将原料烤制成熟的方法，如烤全羊，特点是外焦里嫩、香气浓郁、肉质不老不嫩，耐嚼有咬劲。烤盘烤是将原料放入烤盘中再放入蓄热炉中，用高温气体进行密封加热的方法，如烤鲳鱼、烤肥肠等，特点是汁稠软嫩、别具风味。叉烤是将原料用叉子叉住，在明火炉上不断翻动，进行加热成菜的方法，如烤乳猪、叉烤鸭等。串烤是将小型原料用细长的扦子穿好，在明火上转动，短时间加热成熟的方法，如烤羊肉串，特点是焦黄香嫩，辛香浓烈。网夹烤是将原料

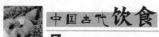

烤鸭

用外皮包好，放在铁网夹内夹住，在明火上翻烤或放入烤炉内用暗火烤成熟的方法，如烤腰子、烤肉脯等。炙烤是将原料腌渍，放在排列炙子的铁锅上，用烤热的炙子和炙子缝隙间的旺火苗将原料加热成菜的方法，如烤肉等。

 知识链接

三条沙虫一碗菜

这是海南人所特有的一个食俗。所谓"沙虫"，系一种栖息在海南沙滩边的蚕科小动物，身体呈灰白色，沙虫富含高蛋白、低脂肪，营养价值很高。海南人吃沙虫除有沙虫水锅外，还喜红烧沙虫。一般以香菜或生菜加上三条沙虫进行红烧，其味道非常鲜美。

第三节
中国主食文化

中国主副食文化的形成过程

在漫长的人类进化过程中，经过了茹毛饮血的食肉社会，而后进入农耕社会，但是"五谷"的形成有着漫长的历史过程。传说神农教会人们"艺五谷，教民以稼穑"。神农在"尝百草"的过程中，识得五谷，并引以为食。我们的先民长期过着狩猎采集的生活，在采集植物块根、茎叶、果实的过程中，偶然筛出草籽"五谷"为食，但是这些籽实数量毕竟有限，生长的周期长，不能仅仅依靠大自然的恩赐，于是人们把植物的种子收集起来种在土地里，形成了原始的农耕业。

粟是最早的一种栽培作物，粟作为谷物的总称，又是指代俸禄之意。现代书籍中粟称作谷子，去掉外壳的粟叫"小米"。

粟的最早吃法是"石烹法"，即是放于石板上烘烤，虽食味不如大米和小麦，但营养价值比其他谷物高。早期粟因为脱粒不净，因而干涩难以下咽，于是使用陶器烹煮食物，以"羹"作为"助咽剂"。羹本是肉汁，这一风俗一直延续到了汉代，其实这是早期饭和菜的定位，之后渐渐形成了主食和副食的膳食结构。《黄帝内经》记载了"五谷为养，五果为助，五畜为益，五菜为充，气味合而服之，以补精益气"，这说明远在春秋战国时期就已经形成中国古代的膳食结构——"养"是主食，占主要位置。益、助、充是副食，占辅助性地位。

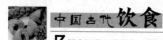
通过不同地方对"饭"的理解，可以看出我国主食结构存在南北差异。北方人将所有用米和面做成的正餐叫"饭"，而南方人只把米做成的主食叫"饭"。根据史料记载，北方以小米为主食、南方以大米为主食的主食结构早在新石器时代就基本定型了。

中国面点的主要形态

我国面点制作工艺可谓百花齐放、异彩纷呈。在不同的物产和民俗风情的影响下，演化出了众多的具有浓郁地方特色的小吃。

1. 面条

面条历史悠久，早在1900多年前的东汉时期就有"水溲饼"的记载，即是现今所说的"面条"。制面的方法可谓层出不穷，叹为观止，可擀、可搓、可削、可擦、可拨、可拉……中华面食在清朝时期已经成熟定型。

中国著名的面条包括北京炸酱面、山东打卤面、河南烩面、岐山的臊子面、陕西的油泼扯面、山西的刀削面、兰州的清汤牛肉拉面、武汉的热干面、四川的担担面、上海的阳春面、广州的馄饨面、香港的车仔面、台湾的担仔面、安徽板面、河北龙须面等。

2. 馒头

馒头是一种把面粉加水、糖等调匀，发酵后蒸熟而成的食品，外形多样，有圆形、长形、高桩形等。根据制作和投料比例的不同，分为开花馒头、戗面馒头等。馒头味道松软，营养丰富，是必不可少的主食。部分地区在制作馒头时，加入馅料，做成包子，呈半圆形，顶部捏合处褶皱，通常馅有肉馅、豆沙馅和各种蔬菜馅等。

3. 饼

在我国古代，饼是一切面食的统称，今天饼的概念逐渐缩小化了，主要是指各种火烤类的"烧饼"和"烙饼"，也包括蒸包类的"蒸饼""炊饼"

等。其主料是米、麦、豆、薯等，辅料是肉品、蛋奶、蔬果等，通过制胚、包料、成型、熟制等工艺制成。它的外延包含极为宽广，特点是花色繁多、历史悠久、宜时当令、可塑性强，深受广大民众所喜爱。

 4. 饺子

饺子是我国面食的一种重要形态，起源于东汉时期，为医圣张仲景首创。成熟的方法有蒸、煮、烙、煎、炸等。饺皮可用烫面、油酥面或米粉制作。馅可用荤菜或素菜制作，可甜可咸。饺子皮薄馅嫩，味道鲜美，形状独特，百食不厌。俗语说："大寒小寒，吃饺子过年。"吃饺子、包饺子已经成为大多数家庭欢度春节的一项重要活

饺子

动。我国各地的饺子名品众多，如广东用澄粉做的虾饺、上海的锅贴饺、扬州的蟹黄蒸饺、山东的高汤小饺、东北的老边饺子、四川的钟水饺。西安还创制出饺子宴，用数十种形状、馅心各异的饺子组成宴席待客。

 **5. 米线**

米线富含碳水化合物、维生素、矿物质和酵素等。其特点是爽口滑嫩、煮后汤水不浊、易于消化等。云南省红河州蒙自县是过桥米线的发源地，传说过桥米线的制法和命名都源自蒙自县南湖湖心小亭。此外，玉溪小锅米线、大锅肠旺米线、豆花米线、凉米线、卤米线等均有名气。

 6. 烧卖

烧卖是一种以烫面为皮裹馅上笼蒸熟的面食小吃，是晋南地区的传统名食，状如石榴，晶莹洁白，馅多皮薄，清香可口。烧麦馅料多为糯米、萝卜、白菜、瘦肉等。吃时配上醋、蒜，味道更佳。

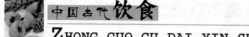

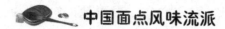 中国面点风味流派

我国面点的风味流派大致可分为两大类型，北味和南味。北味以面粉、杂粮制品为主。南味以米制品、米粉为主——即所谓"南米北面"的主食格局。

 1. 苏式面点

江浙一带为富饶的鱼米之乡，经济繁荣，交通发达，苏式面点中以苏州地区为代表，馅料多用果仁、猪板油丁，用桂花、玫瑰调香，口味重甜，代表品种包括苏式月饼、猪油年糕等。

苏式面点花色繁多，在中国烹饪史上占据了重要地位。这与江南得天独厚的自然条件分不开。江南水乡盛产水稻，苏式面点米麦兼用，制品上糕饼并重。以大米为主料的品种，如松子黄千糕，松软细绵。米枫糕，以酒酿发酵，洁白绵软。以麦为主料的品种，如苏州木渎枣泥麻饼，入口松软，香甜，风味独特。无锡油面筋，色泽金黄，表面光滑，味香性脆，鲜美可口，营养丰富。苏浙一带是我国著名的花果产区，如苏州郊县、吴县，古往今来种植了大量的玫瑰花、桂花等食用香味型花料。苏式面点把色泽艳丽的玫瑰花、桂花等经过腌制加工，成为了苏式面点添加色彩和香味的辅料。

苏式月饼

苏式面点选用了某些具有滋补性的辅料，具有较高的营养价值，这也是苏式面点的另一大特色。如四色片糕，松花片具有养血祛风，益气平肝的功效。杏仁片可起到滋养缓和，止咳的作用。玫瑰片有利气、行血、治风痹、散瘀止血的功效。苔菜片可以清热解毒，软坚散结。芝麻酥糖可以润肠和血，补肝肾，乌须发，补虚冷，健脾胃，润肺止咳等。

2. 广式面点

广式面点主要流行于珠江流域和我国南部沿海省区，其中以广州最具有代表性。广式面点以岭南小吃为基础，广泛吸取了北方各地包括六大古都的宫廷面点和西式的糕饼技艺发展而成，具有鲜明南国风格，中西合璧。在面点制作中，使用糖、油、蛋较多，味道清爽甜香，营养价值很高，并善于利用荸荠、土豆、芋头、山药及鱼虾等为配料，吸取了西点中布丁和蛋挞的做法，风味独特，如沙河粉、虾饺、荸荠糕、南瓜饼、叉烧包、莲蓉甘露酥等面点，具有浓厚的南国特色。

广式面点的特点是用料精博，品种繁多，款式新颖，口味清新。在制作工艺上讲究精益求精，咸甜兼备，可随季节的变化满足人们的需求。代表品种包括鲜虾荷叶饭、绿茵白兔饺、煎萝卜糕、皮蛋酥、冰肉千层酥、酥皮莲蓉包、粉果、及第粥、干蒸蟹黄烧卖及各类粤式中秋月饼等。

 3. 京式面点

京式面点泛指黄河以北的大部分地区（包括山东、华北、东北等地）制作的面点。可分为大众及宫廷风味。相对南方，大众口味的京式点心油厚味重，就是油用得更多，面皮较厚，常常是皮厚馅少。烹饪方法上有蒸、炸、煎、烙等做法。常用素馅，咸味较多。而宫廷式点心则特别讲究造型精美，常常是形式大于内容。

京式面点最早起源于华北、东北等地的农村和满族等少数民族，进而在北京形成了流派。由于北京独特的地理位置，各民族长期处于杂居状态，使得相互学习和取长补短的机会更多。北方地区盛产小麦和杂粮，便形成了京式面点独特的风格。如京式面点的四大面食包括抻面、刀削面、拨鱼面、小刀面，不但制作技术精湛，且口味爽滑，口味筋道，韧中带劲，深受广大人民的喜爱。此外，京八件、清油饼、都一处烧麦、狗不理包子、肉末烧饼、千层糕、猫耳面、艾窝窝等都享有很高的声誉。

知识链接

美味佳肴话八珍

八珍是非常典型的周代肴馔，是王室庖人精心烹制的八种珍食，制作方法完整地记载在《礼记·内则》中，是古代典籍中所见的最古老的一份菜谱。八珍的具体用料和制法是这样的：

一珍——淳熬。煎好肉汁，浇在稻米饭上，再淋上熟油，实际是一种汤泡饭。

二珍——淳母。煎肉汁浇于黍米饭上，再淋上油，法同一珍，唯主料不同。

三珍、四珍——炮豚、炮羊。整只小猪、小羊宰杀后，在腹内塞上枣果，用苇子包裹妥当，再涂上草拌泥，然后放在猛火中烧烤，这在古代谓之"炮"。待草泥烤干，除去泥壳苇草，净手揭掉猪、羊表面烤皱的膜皮。接着用调好的稻米粉糊遍涂猪、羊外表，放入油锅内煎煮，油面须没过猪、羊。末了，将猪、羊及香脂等调料合盛小鼎内，将小鼎置大汤锅中，连续烧煮三日三夜，中途不能停火。食用时，再另调五味。实际上这全猪、全羊的烹制经过了炮、煎、蒸三个程序，到放入口中时，一定是肉烂如泥、香美无比了。

五珍——捣珍。取牛、羊、鹿、獐等动物的夹脊肉，反复捶捣，别净筋腱，烹熟后调味食用。主要功夫表现在肉料的预加工上，这是以加工方法而不是以烹法命名。

六珍——渍。取新宰的鲜牛肉，薄切为片，绝其纤理。浸入美酒内，渍一昼夜。食时以肉汁和梅浆调和，这是一种生吃肉片。

七珍——熬。将牛、羊、麋、鹿、獐等肉捶打后去皮膜，晾于苇席上，撒上姜、桂等调料细末，待风干后食用。食时既可煎以肉汁，也可直接干食，这是一种风干肉。

八珍——肝膋。取狗肝用肠间脂包好，放火上炙烤，待肠脂干焦即成。

古代粥文化

中国是世界文明古国，也是世界美食大国。在中国四千年有文字记载的历史中，粥的踪影伴随始终。

粥古时称糜、酏，俗称稀饭，是东方餐桌上的主食之一。粥有两种类型，一是单纯用米煮成的，另一种是用中药和米煮成的，这两种粥都是营养粥，后者因为加入中药，所以又叫药粥。药粥是祖国医学宝库中的一部分。

广东人会根据不同的需要，用不同的火候做成各式各样的粥。例如，用明火煮的加进白果和百合的白粥，能清热降火；用猛火生滚的各类肉粥，低油低脂、原汁原味、口感清新，符合现代人的健康追求；你还可以往粥水内加些鲜豆浆，用它烫鱼片、猪肝片、牛肉片、滑鸡、螺片、肉丸、蚝仔……这样做出来的粥都非常的鲜香爽口。

自古有春食荠菜粥、夏食绿豆粥、秋食莲藕粥、冬食腊八粥之说，颇有四时食补之道。喝粥清热解毒、解腥化腻、滋补身体，对于生活水平迅速提高，山珍海味食之无味的现代人来说，时不时喝一顿清淡美味、营养兼备的粥，更是一大享受。

上下已有三千年历史的潮州砂锅粥，以独特的海鲜风味见长，是粥中的一大分支。食粥不但可以调节胃口，增进食欲，还补充身体所需要的水分。从养生学的角度来说，早晨空腹吃粥最好，其次是晚餐吃粥。粥最好热吃，出点汗通利血脉，这样才能收益。也有人主张："老年有竟日食粥，不计顿，饿即食，亦能体强健，享大寿。"

粥在我国已有数千年的历史，从商代遗址出土的甲骨文中就记载了禾、麦、黍、稷、稻等农作物。这些均是我国劳动人民煮粥的重要谷物。到了周代我国已进入了奴隶社会，由于生产力的发展，医疗饮食业也随之改进。此时已有了煮粥的方法。《周书》中就有"皇帝始烹谷物为粥"的文字记载。粥，是中国社会一种极为普遍的现象，曾是权势的代表，也曾是贫穷的象征。帝王将相，达官贵人食粥以调剂胃口，延年养生。唐穆宗时，白居易因才华出众，得到皇帝御赐的"防风粥"，食七日后仍觉口齿余香，这在当时是一种难得的荣耀。宋

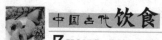

元时每年的十二月八日，宫中照例会赐粥与百官，粥的花色越多，代表其所受恩宠越浩大。到清朝时，雍和宫中仍有定点熬制腊八粥的惯例。

粥的品种多，大致可分为大米粥、小米粥、豆类粥、玉米粥、蔬菜粥、肉类粥、药物粥等十大类。在我国北方许多地区，用面粉也可做成各种各样的粥，同时由于中国地域广阔，各地饮食风俗千姿百态，粥类的食用方法也丰富多彩。

在我国历史上许多医学家就研制出许多不同种类的粥，对人的身体各起着不同的作用。如大米粥，味甘性平，能补脾、养胃、止渴，小米粥补中益气，对脾胃虚寒，中气不足，失眠等病均有一定疗效。其他粥类如豆类粥、蔬菜粥、肉类粥也有很强的辅助性治疗作用，不论古今，病人最好的饮食就是粥。

 知识链接

腊八粥的来历

"腊八粥，吃不完，吃了腊八粥便丰收"。农历腊月初八，是我国民间的传统节日——"腊八节"。关中一带到了这一天，家家户户都要煮上一锅"腊八粥"，美餐一顿。不光大人、娃娃吃，还要给牲口、鸡狗喂一些，在门上、墙上、树上抹一些，图个吉利。

据说腊八粥传自印度。佛教的创始者释迦牟尼本是古印度北部迦毗罗卫国（今尼泊尔境内）净饭王的儿子，他见众生受生老病死等痛苦折磨，又不满当时婆罗门的神权统治，舍弃王位，出家修道。初无收获，后经六年苦行，于腊月八日，在菩提树下悟道成佛。在这六年苦行中，每日仅食一麻一米。后人不忘他所受的苦难，于每年腊月初八吃粥以做纪念。"腊八"就成了"佛祖成道纪念日"。

古代饮品文化

　　酒与茶是中国最著名的饮料。醇馥幽郁的酒香，自然清新的茶香，不同地域文化背景的人在饮品选择方面有着各具特色的偏好。但是千万不能忘了，还有一种给人类带来了最大恩惠的饮品——汤。一方水土养一方人，一方的饮食文化滋养了一方文明。汤，以其独特的魅力，征服了全世界。

**第一节
古代酒文化**

 **酒的起源和演变**

我国是被世界上公认为发明用酒曲酿酒的最早的国家。我国酒的历史可以追溯到上古时期，其中《史记·殷本纪》关于纣王"以酒为池，悬肉为林""为长夜之饮"的记载表明我国酒之兴起距今已有五千年的历史。

我国晋代的江统在《酒诰》中写道："酒之所兴，肇自上皇，或云仪狄，又曰杜康。有饭不尽，委之空桑，郁积成味，久蓄气芳，本出于此，不由奇方。"江统是我国历史上第一个提出谷物自然发酵酿酒学说的人。在农业出现前后，贮藏谷物的方法粗放。天然谷物受潮后会发霉和发芽，吃剩的熟谷物也会发霉，这些发霉发芽的谷粒，就是上古时期的天然曲蘖，将之浸入水中，便发酵成酒，即天然酒。人们不断接触天然曲蘖和天然酒，并逐渐接受了天然酒这种饮料，久而久之，就发明了人工曲蘖和人工酒。现代科学对这一问题的解释是：剩饭中的淀粉在自然界存在的微生物所分泌的酶的作用下，逐步分解成糖分、酒精，自然转变成了酒香浓郁的酒。在远古时代人们的食物中，采集的野果含糖分高，无须经过液化和糖化，最易发酵成酒。

据考古发现证明，在出土的新石器时代的陶器制品中，已有了专用的酒器，说明在原始社会，我国酿酒已很盛行。以后经过夏、商两代，饮酒的器具也越来越多。在出土的殷商文物中，青铜酒器占相当大的比重，说明当时饮酒的风气很盛。自夏之后，经商周，历秦汉，以至于唐，皆是以果实、粮食蒸煮，加曲发酵，压榨而后才出酒的。随着社会生产的进一步发展，酿酒工艺也进一步改进，由原来的蒸煮、曲酵、压榨改为蒸煮、曲酵、蒸馏，最大的突破就是对酒精的提纯。

在几千年漫长的历史过程中，中国传统酒的演变经历了复杂的变革，工艺更精熟，技艺更精湛，而酒亦更醇香、更醉人，在各个不同的发展时期又呈现出各自的特色。

1. 新石器时代：酿酒的"萌芽期"

在我国的祖先尚为猿的时候，就已经和酒发生了关系。秋天的时候，树上的果实成熟了，掉在地上，经过适宜的条件，那些附在果皮上的发酵菌，在果实所含的糖分中便大量繁殖起来，从而产生大量的霉素，糖被酶分解转化为含有酒精的液体，这就是原始的酒。从这个意义上说，最原始的酒，既不是某个人创造出来的，也不是上天赐予的，而是大自然的杰作。

人类进入新石器时代，开始了有目的的人工酿酒活动。这是我国传统酒的启蒙期。农业和畜牧业大分工以后，农业成为一个独立的生产部门，人类开始有了比较充裕的粮食，又有了制作精细的陶制器皿，这使得酿酒生产成为可能。这时主要是用发酵的谷物来泡制水酒，迈出了人类酿酒的第一步。

2. 夏商周时期：传统酒的成长期

在这个时期，有一个重大的变化，就是利用酒曲造酒，使淀粉质原料的糖化和酒化两个步骤结合起来，对造酒技术是一个很大的推进。这段时期，由于有了火，出现了五谷六畜，加之酒曲的发明，使我国成为世界上最早用曲酿酒的国家，同时酿酒技术有了显著的提高。随后，醴、酒等品种也相继产出；仪狄、杜康等酿酒大师的涌现，也为中国传统酒的发展奠定了坚实的基础。

3. 秦汉至唐朝时期：传统酒的成熟期

在这一时期，酿酒技术有了进一步发展和提高，酒曲的品种迅速增加，仅汉初杨雄在《方言》中就记载了近10种。这一时期新丰酒、兰陵

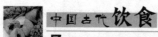

古代酿酒图

美酒等一些名优酒开始崭露头角；酒的品种也开始扩展，诸如黄酒、果酒、药酒及葡萄酒等酒品有了一定的发展；陶渊明、李白、杜甫、白居易、杜牧等酒文化名人辈出，有关酒的诗句不胜枚举，酒因之而得到一定的推广和发展。

到了魏晋，酒业迅速兴起，饮酒不但盛行于上层，而且普及到民间的普通人家。而汉唐盛世与欧、亚、非陆上贸易的兴起，使中西酒文化得以互相渗透，我国一些先进的酿酒方法、技术很快传到朝鲜、日本、东南亚等地区，同时我国从外国引进了一些造酒技术，为中国白酒的发明及发展进一步奠定了基础。

 4. 宋朝至清晚期：传统酒的提高期

这一时期我国酿酒技术又有了质的飞跃，由于西域的蒸馏器传入我国，进而促使了举世闻名的中国白酒的发明。

蒸馏酒是古人为了提高酒度，增加酒精含量，在长期酿酒实践的基础上，利用酒精与水沸点不同，蒸烤取酒得来的。传统的白酒，古名又称"烧酒"，是最有代表性的蒸馏酒。蒸馏酒的出现，是酿酒史上一个划时代的进步，成为我国的第三代酒。而相应的简单蒸馏器的创制，则是中国古代对酿酒技术的又一贡献。

此外，我国酿酒技术的提高还表现在制曲酿酒技术的进一步的发展。在宋代，我国发明了红曲，并以此酿成"赤如丹"的红酒，并在当时生活中得到广泛应用。在这八百多年中，酒的品种更是得到了全面的发展，技术不断进步。白、黄、果、葡、药五类酒竞相发展，绚丽多彩；而中国白酒则渐渐融入普通百姓大众的生活当中，成为人们普遍接受和青睐的饮料佳品。

 5. 清晚期以后： 传统酒的变革期

在这一时期，中国社会发生了重大而又深刻的变革，中华民族逐渐融入世界文明的大家庭中。而此时我国的酿酒工业深受这种潮流的影响，也发生了深刻的变化。西方引进的酿酒技术与我国传统的酿造技艺竞放异彩，使我国酒苑百花争艳、春色满园。

首先，这已不再是我国传统酒独步天下的时代，啤酒、白兰地、威士忌、伏特加及日本清酒等外国酒在我国先后立足生根。它们争先恐后地开始开拓和争夺我国这个大市场，成为我国酒业一道亮丽的风景线，不仅繁荣了我国酒业市场，满足了广大民众的需求，同时加速了东西方酒业的融合，加速了我国传统酒业的改进与发展。

其次，我国传统名酒加速发展。伴随着西方先进酿酒技术的引进，我国民族酿酒工业逐步发展，不断提高技术，不断规模化，逐渐构筑起我国的民族酒业。特别是新中国成立的60多年，中国酿酒事业更是进入了空前繁荣的时代。传统的黄酒、白酒琳琅满目、各具特色，酒的品种日益丰富，也日益品牌化，竹叶青、茅台、五粮液、张裕葡萄酒、青岛啤酒等名酒更是异军突起，产量迅速增长，渐渐开拓出自己的市场，成为割据中华酒业的各路诸侯。

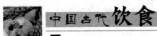

中国名酒

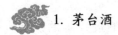
1. 茅台酒

贵州茅台酒是与苏格兰威士忌、法国科涅克白兰地齐名的三大蒸馏名酒之一，独产于中国的贵州省遵义县仁怀镇，是大曲酱香型白酒的鼻祖。

茅台镇有特殊的自然环境和气候条件。它位于贵州高原最低点的盆地，远离高原气流，海拔仅440米，终日云雾密集。夏日长达5个月处于35～39℃的高温期，一年有大半时间笼罩在潮湿、闷热的雨雾之中。这种特殊土壤、气候、水质条件，非常有利于酒料的发酵、熟化，同时也对部分的茅台酒中香气成分的微生物产生、精化、增减起了决定性的作用。总之一句话，如果没有这里的特殊气候条件，酒中的有些香气成分是根本无法产生的，酒的味道也就有所欠缺。这就是为什么长期以来，茅台镇周围地区或全国部分酱香型酒的厂家极力仿制茅台酒，而不得成功的原因。只有在茅台镇这块方圆不大的地方，使用传统制作茅台酒的方法才能造出这精美绝伦的美酒。

茅台酒的酒窖建设非常有讲究。从窖址选地、窖区走向、空间高度，到窖内透气性能、湿度控制，以及酒瓮的容量、形式、瓮口泥封的技术等，都是有很严格的要求。这些都与成品酒的再熟化、香气纯度再提高紧密相关。酒窖要天天检查，开关透气孔，控制温、湿度。据说连看守酒窖的人都必须衣着洁净，人品端正，不得在窖内起哄打闹，污言秽语，否则就影响酒的质量。当然，人的一般衣着言行与酒的质量没有必然的联系，但这反映了人们对茅台酒的敬重、崇尚之情及鼓励做好人、制好酒的美好愿望。

茅台酒的酿制技术被称作"千古一绝"。茅台酒的整个生产工艺不同于其他酒，生产周期7个月。蒸出的酒入库贮存4年以上，再与贮存20年、10年、8年、5年、30年、40年的陈酿酒混合勾兑，最后经过化验、品尝，才能装瓶出厂销售。

2. 西凤酒

西凤酒原产于陕西省凤翔、宝鸡、岐山、眉县一带，唯以凤翔城西柳镇所生产的酒为最佳，声誉最高。始于殷商，盛于唐宋，至今已有3000多年历史。凤翔古称"雍县"，民间传说是生长凤凰的地方，唐朝至德二年（757年）升凤翔为府，人称"西府凤翔"。"西凤酒"的名称便由此而来。

西凤酒具有"凤型"酒的独特风格。它清而不淡，浓而不艳，酸、甜、苦、辣、香，诸味协调，又不出头。它融清香型和浓香型二者的优点为一体，头与尾、香与味协调一致，属于复合香型的大曲白酒。西凤酒的特点是：醇香典雅，清亮透明，甘润挺爽，诸味协调，尾净悠长。酒液无色，清芳甘润、细致，入口甜润、醇厚、丰满，有水果香，尾净味长，为喜饮烈性酒者所钟爱。西凤酒以大麦、豌豆制曲，以优质高粱为原料，配用天赋甘美的柳林井水，采用土窖发酵法，六甑续渣混烧而得新酒，酒贮存三年以上，经自然老熟后精心勾兑、认真检测、精装而成。常言说得好："曲是酒之骨。"西凤大曲采用大麦、小麦和豌豆按一定的比例混合，粉碎加水、搅拌、机械成型后经高温发酵制成，从而体现了西凤酒的典型性。西凤酒的生产要经过立窖、破窖、顶窖、圆窖、插窖、挑窖六个阶段。西凤酒的传统容器是用当地荆条编成的大篓，内壁糊以麻纸，涂上猪血等，然后用蛋清、蜂蜡、熟菜籽油等物以一定的比例，配成涂料涂擦，晾干，称为"酒海"。这种贮存容器与其他酒厂的贮酒容器不同，实属独创。其特点是造价成本低，酒耗少，存量大，利于酒的熟化，防渗漏性能强，适用于长期贮存。起初，"酒海"的容量各异，小的50千克，大的5~8吨。随着大容器的推广，"酒海"的编制容量也在逐步增大，现已有50吨容量的"酒海"，同时发展了使用水泥池容器，但其内涂料不变，从而确保了西凤酒的固有风格。

3. 剑南春酒

绵竹剑南春酒，产于四川省绵竹县，因绵竹在唐代属剑南道，故称"剑南春"。四川的绵竹县素有"酒乡"之称，绵竹县因产竹、产酒而得名。早在

唐代就产闻名遐迩的名酒——"剑南烧春"。相传李白为喝此美酒曾在绵竹把皮袄卖掉买酒痛饮，留下"士解金貂""解貂赎酒"的佳话；北宋苏轼称赞其"三日开瓮香满域""甘露微浊醒醍清"，其酒之引人可见一斑。

现今，剑南春酒定位于"唐时宫廷酒，今日剑南春"，不仅来源于唐史的确切记载，来源于剑南春自身的文化渊源，而且以传世美酒凭古喻今，着力将剑南春酒打造为承接"大唐盛世"与"当代盛世"和乐升平的文化符号。

4. 古井贡酒

古井贡酒产自安徽省亳州市古井镇，据考证始于196年，曹操将家乡亳州特产"九酝春酒"及酿造方法晋献给汉献帝，自此，该酒便成为历代皇室贡品，古井贡酒由此得名。古井贡酒属于浓香型白酒，具有"色清如水晶，香醇如幽兰，入口甘美醇和，回味经久不息"的特点。1800多年酒文化历史，孕育出古井贡酒浓厚的文化品位和独特的名酒风范。

5. 泸州大曲

泸州老窖源远流长，是中国浓香型白酒的发源地，泸州古称江阳，酿酒历史久远，自古便有"江阳古道多佳酿"的美称。泸州曲酒的主要原料是当地的优质糯高粱，用小麦制曲，大曲有特殊的质量标准，酿造用水为龙泉井水和沱江水，酿造工艺是传统的混蒸连续发酵法。蒸馏得酒后，再用"麻坛"贮存一两年，最后通过细致的品尝和勾兑，达到固定的标准，方能出厂，保证了老窖特曲的品质和独特风格。

6. 五粮液

五粮液素有"三杯下肚浑身爽，一滴沾唇满口香"的赞誉。向有"名酒之乡"美称的四川省宜宾市，是宜宾五粮液的故乡。1928年，"利川永"烤酒作坊老板邓子均，又采用红高粱、大米、糯米、麦子、玉米五种粮食为原料，酿造出了香味纯浓的"杂粮酒"，送给当地团练局文书杨惠泉品尝，他认为此酒色、香、味均佳，又是用五种粮食酿造而成，使人闻名领味。从此，这种杂粮酒便以五粮液享于世人，流芳至今。蜚声中外、誉满神州的四川宜宾五粮液酒厂所产的交杯牌、五粮液牌五粮液，在中国浓香型酒中独树一帜，为四川省的六朵金花（泸州特曲、郎酒、剑南春、全兴大曲、五粮液、沱牌曲酒）之一。它具有"香气悠久，滋味醇厚，进口甘美，入喉净爽，各味谐调，恰到好处"的风格。

7. 洋河大曲

"闻香下马，知味停车，酒味冲天，飞鸟闻香化凤，糟粕入水，游鱼得味成龙""福泉酒海清香美，味占江南第一家"。这就是人们对洋河大曲的评价。洋河大曲，产于江苏省泗阳县洋河镇，因地故名。洋河镇是一个古老的集镇，地处白洋河和黄河之间，距南北运河不远。自古以来，洋河镇就是个水陆交通畅达、商业繁荣的地方。据史书记载，在宋代时就已有"酒户"酿酒。相传，明代万历年间，从山西来此地贩酒的白姓商人发现这里盛产糯高粱，还有适宜酿酒的好泉水，便在洋河镇开设酿酒糟坊，产出了醇香、甘美的好酒，名噪一时。自此以后，洋河镇逐渐成为一个酒村闹市。

8. 汾酒

汾酒是我国的历史名酒，产于山西省汾阳县杏花村。汾酒的名字究竟起源于何时，尚待进一步考证，但早在1400多年前，杏花村已有"汾清"这个酒名。宋《北山酒经》记载，"唐时汾州产干酿酒"，《酒名记》有"宋代汾州甘露堂最有名"，说的都是汾酒。当然1400多年前我国尚没有蒸馏酒，史料所载的"汾清""干酿"等均系黄酒类。宋代以后，由于炼丹技术的进步，在我国首次发明了蒸馏设备。

名酒产地，必有佳泉。杏花村有取之不竭的优质泉水，给汾酒以无穷的活力。跑马神泉和古井泉水都流传有美丽的民间传说，被人们称为"神泉"。

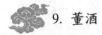

9. 董酒

董酒产于贵州省遵义市董公寺，遵义酿酒历史悠久，可追溯到魏晋时期，以酿有"咂酒"闻名。《遵义府志》载："苗人以芦管吸酒饮之，谓竿儿酒"。《峒溪纤志》载："咂酒一名钓藤酒，以米、杂草子为之以火酿成，不刍不酢，以藤吸取。"到元末明初时出现"烧酒"，清代末期，董公寺的酿酒业已有相当规模，仅董公寺至高坪20里的地带，就有酒坊10余家，尤以程氏作坊所酿小曲酒最为出色。1927年程氏后人程明坤汇聚前人酿技，创造出独树一帜的酿酒方法，使酒别有一番风味，颇受人们喜爱，

董酒

被称为"程家窖酒""董公寺窖酒"，1942年称为"董酒"。该酒选用优质高粱为原料，引水口寺甘洌泉水，以大米加入95味中草药制成的小曲和小麦加入40味中草药制成的大曲为糖化发酵剂，以石灰、白泥和洋桃藤泡汁拌和而成的窖泥筑成偏碱性地窖为发酵池，采用两小两大、双醅串蒸工艺，即是小曲由小窖制成的酒醅和大曲由大窖制成的香醅，两醅一次串蒸而成原酒，经分级陈贮一年以上，精心勾兑等工序酿成。

董酒无色，清澈透明，香气幽雅舒适，既有大曲酒的浓郁芳香，又有小曲酒的柔绵、醇和、回甜，还有淡雅舒适的药香和爽口的微酸，入口醇和浓郁，饮后甘爽味长。由于酒质芳香奇特，被人们誉为其他香型白酒中独树一帜的"药香型"或"董香型"典型代表。

10. 双沟大曲

双沟大曲产于江苏省泗洪县双沟镇。该酒具有"色清透明，香气浓郁，风味协调，尾净余长"的浓香型典型风格特点。相传明朝万历年间，江苏省泗洪县双沟镇上有一个何记酒坊，取东沟泉水造酒，名东沟大曲，生意兴隆。后来何记酒坊的一名帮工在距东沟不远的西沟建起了酒坊，用西沟泉水酿出美酒，名为"西沟大曲"，生意红火，未过半载，名声便超过了久负盛名的东沟酒坊。两家合一酿出的酒比先前更加完美，从此定名叫"双沟大曲"。酒坊越办越兴旺，双沟大曲酒的美名代代相传，一直沿袭至今。双沟大曲酒酒液清澈，芳香扑鼻，风味纯正，入口甜美、醇厚，回味悠长，浓香风格十分典型，酒度虽高，但醇和不烈。

 **古代酒礼**

 1. 酒礼的产生

中国素有"礼仪之邦"的美誉。礼是人们社会生活的总准则、总规范。古代的礼渗透到政治制度、伦理道德、婚丧嫁娶、风俗习惯等各个方面，酒行为自然也纳入了礼的轨道，这就产生了酒行为的礼节——酒礼，用以体现酒行为中的贵贱、尊卑、长幼，乃至各种不同场合的礼仪规范。

 2. 酒礼的意义和作用

酒礼有许多值得继承和发扬的精华，如尊敬父兄师长，行为要端庄，饮酒要有节制，酿酒、酤酒要讲质量、重信誉等。酒礼在酒席中处于非常重要的位置。在古代，敬酒礼仪非常烦琐、复杂，最讲究敬酒的次数、快慢、先后。由何人先敬酒、如何敬酒都有礼数，如有差错，重者撤职，轻者罚喝酒。还有"有礼之会，无酒不行"，更说明酒在宴席中往往起到"礼"的作用，同时也起到"乐"的作用，美妙之处尽在其中。酒在古代社会各项活动中不但讲礼数，也当作礼品，把"礼品"作为赏人、谢人的礼物。

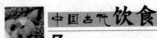
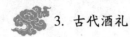

3. 古代酒礼

古代饮酒的礼仪有四步：拜、祭、啐、卒爵。就是先做拜的动作，表示敬意；接着把酒倒出一点点洒在地上，祭谢大地生养之德；然后尝尝酒味并加以赞扬，令主人高兴；最后举杯而尽。

在酒宴上，主人要向客人敬酒，叫作"酬"；客人要回敬主人，叫作"酢"；敬酒时还要说上几句敬酒辞。客人之间也可相互敬酒，叫作"旅酬"。有时须依次向人敬酒，叫作"行酒"。敬酒时，敬酒的人和被敬酒的人都要"避席"起立。普通敬酒以三杯为度。

主人和宾客一起饮酒时，要相互跪拜。晚辈在长辈面前饮酒，叫作"侍饮"，通常要先行跪拜礼，然后坐入次席。长辈命晚辈饮酒，晚辈才可举杯；长辈酒杯中的酒尚未饮完，晚辈也不能先饮尽。

知识链接

现代酒礼

斟酒礼仪：主人须给客人先斟酒。斟酒时不可满杯，再斟酒应在对方干杯后，或杯中酒很少时。为长者斟酒不必太频繁。斟酒时切忌摇动酒壶或酒瓶，切忌将酒壶口对着客人。客人在夹菜或吃菜时，不要为他斟酒。对于不会饮或不能再饮的客人，不必强斟酒。晚辈不宜让长辈为自己斟酒。

敬酒礼仪：主人要首先向主宾敬酒，然后依次向其他客人敬酒，或向所有宾客敬酒。客人也要向第一主人回敬酒，再依次向其他主人回敬酒。晚辈先向最年长者敬酒，再依次向其他长者和同辈敬酒。

祝酒礼仪：主人在饮酒前要根据饮宴的内容和对象，表达对宾客的良好祝愿，以助酒兴。主要有三种形式：一是祝酒词，在大型外交或社交活动中，首先应由东道主致词，随后由客人代表致答谢词；二是以诗祝酒，更具文化色彩；三是祝酒歌，中国少数民族多以此种形式祝酒，能让客人兴高采烈，现场气氛也十分轻松活跃。

饮酒礼仪：要根据自己的酒量，饮到五分为最佳，要节制饮量，以免失态；充分尊重客人的意愿，让酒宴轻松愉快；不要采用将酒杯反扣于桌子上的方式拒绝饮酒；先酒后饭，不能酒未完先吃饭。

古代酒道

酒有酒道，茶有茶道，人有人道。凡事一旦有了道，便成了一种品味、一种情趣。

酒道是指有关酒和饮酒的事理。中国古代酒道的根本要求就是"中和"二字。"未发，谓之中"，也就是说，对酒无嗜饮，无酒不思酒，有酒不贪酒。有酒，可饮，亦能饮，但饮酒不过，饮而不贪；饮似若未饮，绝不及乱，故谓之"和"。和，是平和协调，不偏不倚，无过无不及。这就是说，酒要饮到不影响身心，不影响正常生活和思维规范的程度为最好，要以不产生任何消极不良的身心影响与后果为度。对酒道的理解，酒不仅着眼于既饮而后的效果，而且贯穿于酒事的始终。"庶民以为饮，君子以为礼"，合乎"礼"，就是酒道的基本原则。

古代酒令

酒令，又称"行令"，是酒席上饮酒时助兴劝饮的一种游戏。酒令的产生可以上溯至东周时代，但酒令的真正兴盛却在唐代。可将酒令分为以下两大类。

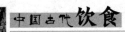

 1. 雅令

见于史籍的雅令有四书令、花枝令、诗令、谜语令、改字令、典故令、牙牌令、人名令、快乐令、对字令、筹令、彩云令等。

雅令的行令方法是：先推一人为令官，或出诗句，或出对子，其他人按首令之意续令，所续之令必在内容与形式上与先令相符，不然则被罚饮酒。行雅令时，必须引经据典，分韵联吟，当席构思，即席应对。这就要求行酒令者既要有文采和才华，又要敏捷和机智，所以雅令是最能展示饮酒者才华的酒令。

（1）四书令，是以《大学》《中庸》《论语》《孟子》四书的句子组合而成的一种酒令，在明清两代的文人宴会上，四书令大行其时，用以检测文人的学识与机敏程度。

《西厢记》里的酒筹令

（2）花枝令，是一种击鼓传花或抛彩球等物来行令饮酒的方式。

（3）筹令，是唐代一种筹令饮酒的方式，如"安雅堂酒令"等，安雅堂酒令有50种酒令筹，上面各写有各种不同的劝酒、酌酒、饮酒方式，并与古代文人的典故相吻合，既能活跃酒席气氛，又能使人掌握许多典故。

2. 通令

通令的行令方法主要有掷骰、抽签、划拳、猜枚、骨牌、游艺、抓阄等。通令很容易造成酒宴中的热闹气氛，因此较为流行。但通令时的掳拳奋臂、叫号喧争，则有失风度，显得粗俗、单调、嘈杂。

民间流行的"划拳"，唐代时称为"拇战""招手令""打令"等。划拳中拆字、联诗较少，说吉庆语言较多。由于猜拳之戏形式简单，通俗易学，又带有很强的刺激性，因此深得广大人民群众的喜爱，中国古代一些较为普通的民间家宴中，用得最多的就是这种酒令方式。

第二节
古代茶文化

中国是茶的故乡，是茶的原产地。中国人对茶的熟悉，上至帝王将相，文人墨客，下至挑夫贩夫，平民百姓，无不以茶为好。人们常说："开门七件事，柴米油盐酱醋茶。"由此可见茶已深入各阶层。

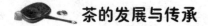 茶的发展与传承

 1. 周朝至西汉：茶饮初现

据《华阳国志》载：约公元前一千年周武王伐纣时，巴蜀一带已用所产的茶叶作为"纳贡"珍品，这是茶作为贡品的最早记述。但这时的茶主要是祭祀用和药用。茶以文化面貌出现，是在两晋南北朝。茶有正式文献记载的可以追溯到汉代。可以肯定的是，大约西汉时期，长江上游的巴蜀地区就有确切的饮茶记载。至三国时，也有更多的饮茶记事。公元前59年汉人王褒所写《僮约》中，已有"烹茶尽具""武阳买茶"的记载，这表明四川一带已有茶叶作为商品出现，是茶叶作为商品进行贸易的最早记载。

 2. 两晋南北朝：茶文化的萌芽

随着文人饮茶风气之兴起，有关茶的诗词歌赋日渐问世，茶已经脱离作为一般形态的饮食走入文化圈，起着一定的精神、社会作用。

古代茶具

这时期儒家积极入世的思想开始渗入到茶文化中。两晋南北朝时，一些有眼光的政治家便提出"以茶养廉"，以对抗当时的奢侈之风。魏晋以来，天下骚乱，文人无以匡世，渐兴清谈之风。这些人终日高谈阔论，必有助兴之物，于是多兴饮茶

　　到南北朝时，茶几乎与每一个文化、思想领域都套上了关系，茶的文化、社会功用已超出了它的自然使用功能。由西汉到唐代中叶之间，茶饮经由尝试而进入肯定的推展时期。此一时期，茶仍是王公贵族的一种消遣，民间还很少饮用。到东晋以后，茶叶在南方渐渐变成普遍的作物。文献中对茶的记载在此时期也明显增多。但此时的茶有很明显的地域局限性，北人饮酒，南人喝茶。

3. 唐朝：茶文化的兴起

　　随着隋唐南北统一的出现，南北文化再次出现大融合，生活习性互相影响，北方人和当时谓为"胡人"的西部诸族，也开始兴起饮茶之风。

　　渐渐地，茶成为一种大众化的饮料并衍生出相关的文化，影响社会、经济、文化越来越深。

　　唐代茶文化的形成与禅教的兴起有关，因茶有提神益思、生津止渴功能，故寺庙崇尚饮茶，在寺院周围植茶树，制定茶礼、设茶堂、选茶头，专呈茶事活动。在唐代形成的中国茶道分宫廷茶道、寺院茶礼、文人茶道。

4. 宋代：茶文化的兴盛

　　及至宋代，文风越盛，有关茶的知识和文化随之得到了深入的发展和拓宽。此时的饮茶文化大盛于世，饮茶风习深入到社会的各个阶层，渗透到日常生活的各个角落，已成为普通人家不可一日或缺的开门七件事之一。以竞赛来提升茶叶技艺的斗茶开始出现，茶器制作精良，种茶知识和制茶技艺得到长足进步，茶书茶诗在宋代时得到大力发扬，创作丰富。文人们文化素养极高且各种生活科学知识也相对厚实。像苏轼、苏辙、欧阳修、王安石、朱熹、蔡襄、黄庭坚、梅尧臣等文学、宗教大家都与茶有深厚的文化因缘并留下大量茶诗、茶词。

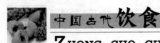
宋朝人拓宽了茶文化的社会层面和文化形式，茶事十分兴旺，但茶艺走向繁复、琐碎、奢侈，失去了唐朝茶文化的思想精神。

 ### 5. 元明清时期：举世品茶

宋以后至元、明两代，茶文化和茶经济得到继续发展，贡茶更是发展到极盛之势。

但此时由于胡汉文化的差异，贡茶制度十分严格，民间茶文化受到严重打压，与宋代茶书兴盛的状况相反，元代茶业迅速滑到了谷底。

元朝时，北方民族虽嗜茶，但对宋人烦琐的茶艺不耐烦。文人也无心以茶事表现自己的风流倜傥，而更多地希望在茶中表现自己的清节，磨炼自己的意志。在茶文化中这两种思潮却暗暗契合，即茶艺简约，返璞归真。由元到明朝中期的茶文化形式相近，一是茶艺简约化，二是茶文化精神与自然契合。至明朝，与宋代茶艺崇尚奢华、烦琐的形式相反，明人继承了元朝贵族简约的茶风，去掉了很多的奢华形式，而刻意追求茶原有的特质香气和滋味。

明清时期，茶已成为中国人"一日不可无"的普及饮品和文化。清朝之后直至现代，饮茶之风逐渐波及欧洲一些国家，并渐渐成为民间的日常饮料。此后，英国人成了世界上最大的茶客。而我国在茶叶产业技术进步和经济贸易上也有了长足的发展。到清朝茶叶出口已成一种正式行业，茶书、茶事、茶诗不计其数。

 知识链接

茶圣陆羽

茶圣陆羽可谓为"中国茶艺"的始祖，他将一生对茶的钟爱和所研究的有关知识，撰三卷《茶经》。是唐代茶文化形成的标志，第一次为茶注入了文化精神，提升了饮茶的精神内涵和层次，并使之成为中国传统精神文化的重要一环。其概括了茶的自然和人文科学双重内容，探讨了饮茶艺术，把儒、道、佛三教融入饮茶中，首创中国茶道精神。《茶经》非仅述茶，而是把诸家精华及诗人的气质和艺术思想渗透其中，奠定了中国茶文化的理论基础。

中国茶叶的分类及特点

按发酵程度不同，可将茶叶分为六大类：绿茶、红茶、青茶、黄茶、白茶、黑茶。除以上这六大类外，最为常见的还有再加工茶，如花茶、紧压茶、添加味茶和非茶之茶等。

 1. 绿茶

绿茶属于不发酵茶，发酵度为0。这类茶的颜色是绿色，泡出来的茶汤是绿黄色，因此称为"绿茶"。

有：西湖龙井、黄山毛峰、太平猴魁、洞庭碧螺春、六安瓜片等。

 2. 红茶

红茶属于完全发酵茶，发酵度为100%。因其颜色是深红色，泡出来的茶汤又呈朱红色，所以叫"红茶"。

有：祁门红茶、宁红、滇红等。

 3. 青茶

青茶属于半发酵茶，发酵度为10%～70%，俗称乌龙茶。茶呈深绿色或青褐色，泡出来的茶汤则是蜜绿色或蜜黄色。

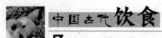

盖碗里的乌龙茶茶叶

有：冻顶乌龙、高山翠玉、安溪铁观音、闽北水仙、大红袍等。

 4. 黄茶

黄茶属于部分发酵茶，发酵度为 10%。制造工艺类似于绿茶，制作时加以闷黄，因此具有黄汤、黄叶的特点。

茶有：君山银针、霍山黄芽等。

 5. 白茶

白茶属于部分发酵茶，发酵度为 10%。因其采用茶树的嫩芽制成，细嫩的芽叶上面盖满了细小的白毫，得名"白茶"。

有：银针白毫、白牡丹、寿眉等。

 6. 黑茶

黑茶属于后发酵茶，放置的时间越长越好，是我国特有的茶类，生产历史悠久，可以制成紧压茶，以边销为主。

有：湖南黑茶、云南普洱茶、湖北老边茶、四川边茶、广西六堡散茶等。

其中，以云南的普洱茶最享有盛名。

7. 花茶

用花加茶熏制而成的茶为花茶，是再加工茶。花茶既有鲜花高爽持久的芬芳，又有茶叶原有的醇厚滋味。

有：茉莉花茶、玫瑰红茶、桂花乌龙茶等。

8. 紧压茶

紧压茶为再加工茶，是将毛茶加工、蒸压而制成的，有茶砖、茶饼、茶团等不同形态。

有：福建的水仙饼茶、黑茶紧压茶，湖南的茯砖、黑砖、花砖等，云南的饼茶、七子饼茶、普洱沱茶，四川的康砖、金尖，湖北的老青茶，广西的六堡散茶等。

9. 添加味茶和非茶之茶

添加味茶是将茶叶添加其他材料产生新的口味的茶，如液态茶、添加草药的草药茶、八宝茶等。非茶之茶是指制作原料中没有茶叶却又习惯上称其为茶的饮料，如绞股蓝茶、冬瓜茶、人参茶、菊花茶等。

古代茶具

茶具一般是指茶杯、茶碗、茶壶、茶盏、茶碟等饮茶用具。芳香美味的茶叶配上质优、雅致的茶具，更能衬托茶汁的颜色，保持浓郁的茶香。

我国茶具种类繁多、造型优美，除实用价值外，也有颇高的观赏价

紫砂茶具

值。茶具的材质对茶汤的香气和味道有重要的影响，因此茶具多以材质的不同进行分类。最常使用和出现最多的茶具，主要有陶制茶具、瓷器茶具、玻璃茶具、金属茶具、漆器茶具和竹木茶具六大类。这里简要介绍常用的几种。

 1. 陶制茶具

陶制茶具历史悠久、品种繁多。例如，安徽的阜阳陶、山东的博山陶、广东的石湾陶，以及其他的地方陶。最负盛名的茶具是江苏宜兴的紫砂陶，宜兴生产紫砂陶器，至今已有上千年历史，在宜兴有"家家制陶"之说。

宜兴紫砂茶具，是以当地特有的质地优良、细腻、含铁量高的特殊陶土制作而成的釉细陶器。其中最具代表性的是茶壶，造型简练大方、淳朴古雅、多种多样。壶有牡丹、莲花、树根、竹节、松段、瓜果等造型，壶表面镌刻名人书画、诗词、印鉴等。紫砂茶具造型古朴别致，用以泡茶能保持色、香、味不变，泡茶不易馊；沸水急注不炸裂，散热慢，提携不烫手；使用越久，越光洁古雅，茶味越醇香，所以深受人们的喜爱。

紫砂既可以制作茶壶，也可以制作其他茶具，如品茗杯、闻香杯、水方、壶承等辅助茶具。

 2. 瓷器茶具

我国茶具最早以陶器为主。瓷器发明后，陶制茶具逐渐被瓷器茶具所替代。瓷器茶具独有的淡泊清雅，提升了品茶情趣，深受好茶之人的喜爱。瓷器茶具泡茶后能较好地反映和保持茶叶的色、香、味、形，而且造型美观、洁白卫生、外饰典雅、图文清晰，蕴含很高的艺术价值。瓷器茶具以江西景德镇、湖南醴陵、河北唐山、山东淄博等地为代表，有各式粗瓷、精瓷的单个、成套、成组的茶具。其中，景德镇的瓷器茶具最为著名。

江西景德镇是我国著名的"瓷都"。宋代，是景德镇制瓷业的成功时代，在胎质、造型、釉色等工艺上已臻于完美。当时创烧的陶瓷作为茶具上品，应用最广。

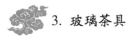 **3. 玻璃茶具**

琉璃在古时候属稀罕之物，其质地通透明亮、色泽光润。到了近现代，随着玻璃制造工艺的发展，古之珍贵的琉璃终于发展成今天物美价廉的玻璃，并以其独有的特点和优势成为茶具选材中的后起之秀。

玻璃质地完全透明，光可鉴人，传热快，不透气。其可塑性极大，制成的茶具形态各异，外观秀美，晶莹剔透，光彩夺目。用玻璃茶杯泡茶时，茶汤色泽鲜艳，茶叶细嫩柔软。看茶叶在整个冲泡过程中的上下浮动，叶片的逐渐舒展，可以说是一种动态的艺术欣赏。特别是冲泡各类名茶，茶具晶莹剔透，杯中轻雾缥缈，澄清碧绿，芽叶朵朵，亭亭玉立，令人观之赏心悦目，别有一番情趣。

 # 中国十大名茶

中国十大名茶由 1959 年全国"十大名茶"评比会评选，包括西湖龙井、洞庭碧螺春、黄山毛峰、庐山云雾茶、六安瓜片、君山银针、信阳毛尖、武夷岩茶、安溪铁观音、祁门红茶。

1. 西湖龙井

西湖龙井简称龙井，居中国名茶之冠。产于浙江省杭州市西湖西南的龙井村四周的山区。茶园则分布于狮子峰、龙井、灵隐、五云山、虎跑、梅家坞一带，多为海拔 30 米以上的坡地。按具体产地区分，历史上曾分为"狮、龙、云、虎"四个品类，龙井茶外形挺直削尖、扁平俊秀、光滑匀齐、色泽绿中显黄。冲泡后，香气清高持久，汤色杏绿，清澈明亮，叶底嫩绿，匀齐成朵，芽芽直立，栩栩如生。品饮茶汤，沁人心脾，齿间流芳，回味无穷。龙井属炒青绿茶，通过摊青、炒青、回潮、辉锅等工序制成，因产地不同，制茶方法略有差异。高级龙井茶的炒制分为"青锅"和"辉锅"两道工序，工艺十分精湛，传统的制作工艺有：抖、带、挤、甩、挺、拓、扣、抓、压、

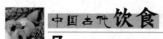
磨十大手法。其手法在操作过程中变化多端，制出的成品茶以"色绿、香郁、味醇、形美"四绝著称于世。

2. 洞庭碧螺春

洞庭碧螺春产于江苏省吴县（今属苏州市）太湖洞庭山，所以又叫"洞庭碧螺春"。洞庭山分东、西两山，洞庭东山宛若一个巨舟伸进太湖的半岛，洞庭西山是一个屹立在湖中的岛屿。两山气候温和，山水相依，空气清新，云雾弥漫，非常适宜茶树生长。碧螺春茶条索纤细，卷曲成螺，满披茸毛，色泽碧绿。冲泡后，味鲜生津，清香芬芳，汤绿水澈。细啜慢品碧螺春的花香果味，头酌色淡、幽香、鲜雅；二酌翠绿、芬芳、味醇；三酌碧清、香郁、回甘，使人心旷神怡，仿佛置身于洞庭山的茶园果圃之中，领略那"入山无处不飞翠，碧螺春香百里醉"的意境，真是其贵如珍，不可多得。因此，民间有这样的说法：碧螺春是"铜丝条，螺旋形，浑身毛，一嫩（指芽叶）三鲜（指色、香、味）自古少"。碧螺春茶从春分开采，至谷雨结束，采摘的茶叶为一芽一叶，一般是清晨采摘，中午前后拣剔质量不好的茶片，下午至晚上炒茶。目前大多仍采用手工方法炒制，其工艺过程是：杀青—炒揉—搓团焙干。三个工序在同一锅内一气呵成。炒制特点是炒揉并举，关键在提毫，即搓团焙干工序。

3. 黄山毛峰

黄山毛峰产于安徽省太平区以南、歙县以北的黄山。黄山是我国景色奇绝的自然风景区，黄山毛峰茶园就分布在黄山区的桃花庵、云谷寺、松谷庵、吊桥庵、慈光阁与歙县东乡的汪满田、木岑后、跳岑、岱岑等地。这里的气候温和，雨量充沛，山高谷深，林木密布，云雾弥漫，空气湿度大，日照时间短。

黄山毛峰

在这特殊条件下，茶树天天沉浸在云蒸霞蔚之中，因此茶芽格外肥壮，柔软细嫩，叶片肥厚，经久耐泡，香气馥郁，滋味醇甜，成为茶中的上品。黄山毛峰分为特级和一级、二级、三级，三级以下则是歙县烘青。黄山毛峰茶的采制相当精细，选用芽头壮实、茸毛多的制高档茶，经过轻度摊放后进行高温杀青、理条炒制、烘焙而制成。其成品茶外形细扁稍卷曲，状如雀舌披银毫，汤色清澈带杏黄，香气持久似白兰。

 ### 4. 庐山云雾茶

庐山云雾茶古称"闻林茶"，宋代曾列为"贡茶"，因产自中国江西的庐山而得名。庐山北临长江，东毗鄱阳湖，平地拔起，峡谷深幽。茶树多分布于海拔 500 米以上的修静安、八仙庵、马尾水、马耳峰、贝云庵等处，由于江湖水气蒸腾，蔚成云雾，常见云海茫茫，年雾日 195 天之多，造就出云雾茶的独特品质。由于天气条件，云雾茶比其他茶采摘时间晚，一般在谷雨后至立夏之间方开始采摘，采后摊于阴凉通风处，放置 4～5 小时后开始炒制，经过杀青、抖散、揉捻、理条、搓条等九道工序精制而成。其成品茶以条索粗壮、青翠多毫、汤色明亮、叶嫩匀齐、香高持久、醇厚味甘"六绝"而久负盛名。

 ### 5. 六安瓜片

六安瓜片简称片茶，产于安徽省六安、金寨、霍山三县（金寨、霍山旧时同属六安州），因其外形如瓜子状，又呈片状，故名六安瓜片。它最先产于金寨县的齐云山，而且也以齐云山所产瓜片茶品质最佳，所以又名齐云瓜片。产地位于皖西大别山区，山高林密，云雾缭绕，气候温和，土壤肥沃，茶树生长繁茂，鲜叶葱翠嫩绿，芽大毫多。六安瓜片根据品质共分为名片与一级、二级、三级共四个等级。成品与其他绿茶大不相同，叶缘向背面翻卷，呈瓜子形，自然平展，色泽宝绿，大小匀整。六安瓜片宜用开水沏泡，沏茶时雾气蒸腾，清香四溢；冲泡后茶叶形如莲花，汤色清澈晶亮，叶底绿嫩明亮，气味清香高爽、滋味鲜醇回甘。六安瓜片还十分耐冲泡，其中以二道茶香味

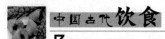

最好，浓郁清香。六安瓜片的采摘季节较其他高级茶迟约半月以上，高山区则更迟一些，多在谷雨至立夏之间。其制作工艺独特：第一道工序就是采摘，标准为多采一芽二叶，可略带少许一芽三四叶。第二道工序为摘片，将采来的鲜叶与茶梗分开，摘片时要将断梢上的第一叶到第三、第四叶和茶芽用手一一摘下，随摘随炒。第一叶制"提片"，二叶制"瓜片"，三叶或四叶制"梅片"，芽制"银针"。第三道工序的技术关键是在于把叶片炒开。炒片起锅后再烘片，每次烘叶量仅2～3两，先"拉小火"，再"拉老火"，直到叶片白霜显露，色泽翠绿均匀，茶香充分发挥时趁热装入容器密封储存。此茶不仅可消暑解渴生津，而且还有极强的助消化作用和治病功效，因而被视为珍品。

 ## 6. 君山银针

君山银针产于湖南省洞庭湖中的君山岛上，属于黄茶类针形茶。君山茶旧时曾经用过黄翎毛、白毛尖等名，后来，因为它的茶芽挺直，布满白毫，形似银针而得名"君山银针"。君山岛土壤肥沃，气候温和、湿度适宜。每当春夏季节，湖水蒸发，云雾弥漫，岛上竹木丛生，生态环境十分适宜茶树的生长。君山银针的制作工艺非常精湛，需经过杀青、摊凉、复包、足火等八道工序，历时三四天之久。优质的君山银针茶在制作时特别注意杀青、包黄与烘焙的过程。根据芽头的肥壮程度，君山银针可以分为特号、一号、二号三个档次。君山银针的质量超群，风格独特，为黄茶之珍品。它的外形，芽头苗壮、坚实挺直、白毫如羽，芽身金黄发亮，内质毫香鲜嫩，汤色杏黄明净，叶底肥厚匀亮，滋味甘醇甜爽，久置不变其味。用洁净透明的玻璃杯冲泡君山银针时，可以看到初始芽尖朝上、蒂头下垂而悬浮于水面，随后缓缓降落，竖立于杯底，忽升忽降，蔚成趣观，最多可达三次，故君山银针有"三起三落"之称。最后竖沉于杯底，如刀枪林立，似群笋破土，芽光水色，浑然一体，堆绿叠翠，妙趣横生，历来传为美谈。且不说品尝其香味以饱口福，只消亲眼观赏一番，也足以引人入胜，神清气爽。根据"轻者浮，重者沉"的科学道理，"三起三落"是由于茶芽吸水膨胀和重量增加不同步，芽头比重瞬间变化而引起的。

7. 信阳毛尖

信阳毛尖产于河南信阳大别山，以原料细嫩、制工精巧、形美、香高、味长而闻名。茶园主要分布于车云山、集云山、天云山、云雾山、震雷山、连云山、黑龙潭、白龙潭等群山的峡谷之间。这里地势高峻，群峦叠翠，溪流纵横，云雾颇多，滋生孕育了肥壮柔嫩的茶芽，为制作独特风格的茶叶，提供了天然条件。信阳毛尖风格独特，质香气清，汤色明净，滋味醇厚，叶底嫩绿；饮后回甘生津，冲泡四五次，尚保持有长久的熟栗子香。采摘一般自四月中下旬开采，全年共采90天，分20~25批次，每隔两三天巡回采一次，以一芽一叶或初展的一芽二叶制特级和一级毛尖，一芽二三叶制二三级毛尖，芽叶采下，分级验收，分级摊放，分级炒制。于当日分别进行加工，经生锅高温杀青，熟锅炒制，以手工抓条、甩条作定型处理，并进行初烘、摊凉、复烘、拣选，再复烘，使干茶达5%~6%的含水量。其成品素来以"细、圆、光、直、多白毫、香高、味浓、汤色绿"的独特风格而享誉中外。

 8. 武夷岩茶

武夷岩茶产于闽北"秀甲东南"的名山武夷，茶树生长在岩缝之中。武夷岩茶可分为岩茶与洲茶。在山者为岩茶，是上品；在麓者为洲茶，次之。从品种上分，它包括吕仙茶、洞宾茶、水仙、大红袍、武夷奇种、肉桂、白鸡冠、乌龙等，多随茶树产地、生态、形状或色香味特征取名。其中以"大红袍"最为名贵，武夷大红袍是中国名茶中的奇葩，有"茶中状元"之称。它是武夷岩茶中的王者，堪称国宝。武夷山位于福建省武夷山市东南部，大红袍生长在武夷山九龙窠高岩峭壁上，这里日照短，多光反射，昼夜温差大，岩顶终年有细泉浸润。这种特殊的自然环境，造就了大红袍的特异品质。武夷岩茶属半发酵茶，其成品条形壮结、匀整，色泽绿褐鲜润，冲泡后茶汤呈深橙黄色，清澈艳丽；叶底软亮，叶缘朱红，叶心淡绿带黄；具有明显的"绿叶红镶边"之美感。它兼有红茶的甘醇、绿茶的清香；泡饮时常用小壶小杯，因其香味浓郁，冲泡五六次后余韵犹存。这种茶最适宜泡工夫茶，因而十分走俏。

9. 安溪铁观音

安溪铁观音属青茶类，原产于福建省安溪县尧阳乡，以其成品色泽褐绿，沉重若铁，茶香浓馥，比美观音净水而得此圣洁之名。安溪县地处戴云山脉的东南坡，地势从西北向东南倾倒。西部以山地为主，层峦叠嶂，通称"内安溪"，东部以丘陵为主，通称"外安溪"。以往茶区集中于内安溪，安溪铁观音茶树萌发期为春分前后，每年一般分四次采摘，分春茶、夏茶、暑茶、秋茶，制茶品质以春茶为最佳。铁观音采摘须在茶芽形成驻芽，顶芽形成小开面时，及时采下二三叶，以晴天午后茶品质最佳。毛茶的制作需经晒青、晾青、做青、杀青、揉捻、初焙、包揉、文火慢焙等十多道工序。其中做青为形成"铁观音"茶色、香、味的关键。毛茶再经过筛分、风选、拣剔、干燥、匀堆等精制过程后，即为成品茶。

10. 祁门红茶

祁门红茶简称祁红，产于中国安徽省西南部黄山支脉区的祁门县一带。祁门茶区自然条件优越，山地林木多，温暖湿润，土层深厚，雨量充沛，云雾多，很适宜于茶树生长，所以其生叶柔嫩且内含水溶性物质丰富。祁红采制工艺精细，采摘一芽二三叶的芽叶作原料，经过萎凋、揉捻、发酵，使芽叶由绿色变成紫铜红色，香气透发，然后进行文火烘焙至干。红毛茶制成后，还须进行精制，精制工序复杂花工夫，经毛筛、抖筛、分筛、紧门、撩筛、切断、风选、拣剔、补火、清风、拼和、装箱而制成。高档祁红外形条

祁门红茶

索紧细苗秀，色泽乌润，冲泡后茶汤红浓，香气清新芬芳馥郁持久，有明显的甜香，有时带有玫瑰花香。祁红的这种特有的香味，被国外不少消费者称为"祁门香"。祁红在国际市场上被称为"高档红茶"，特别是在英国伦敦市场上，祁红被列为茶中"英豪"，祁红在英国还受到了皇家贵族的宠爱，赞美祁红是"群芳之最"。

古代茶礼

客来敬茶，这是我国汉族同胞最早重情好客的传统美德与礼节。直到现在，宾客至家，总要沏上一杯香茗。喜庆活动，也用茶点招待。开个茶话会，既简便经济，又典雅庄重。所谓"君子之交淡如水"，也是指清香宜人的茶水。

茶礼还是我国古代婚礼中一种隆重的礼节。古人结婚以茶为礼，认为茶树只能从种子萌芽成株，不宜移植，所以便有了以茶为礼的婚俗，寓意"爱情像茶一样忠贞不移"。女方接受男方聘礼，叫"下茶"或"茶定"，有的叫"受茶"，并有"一家不吃两家茶"的谚语。同时，还把整个婚姻的礼仪总称为"三茶六礼"。这些习俗现在已摒弃不用，但婚礼的敬茶之礼，仍沿用至今。

古代茶道

茶道是一种通过品茶活动来表现一定的礼节、人品、意境、美学观点和精神思想的饮茶艺术。它是茶艺与精神的结合，并通过茶艺表现精神。通过饮茶的方式，对人们进行礼法、道德修养等方面的教育。认识茶道，首先要认识其历史背景，还要具备相关的传统文化基础。传统文化是茶道精神的基础，而"道、佛、儒"三家理论是正确认识茶道的基础。茶道最早起源于民间，后来经士大夫的推崇，加上僧尼道观的宗教生活需要，作为一种高雅文化活动方式传播到宫廷，其影响也不断扩大。

唐朝时期，中国的茶已传入日本。早期，日本主要是直接向中国学习，移植中国茶文化，经过一个长期的学习、思考过程，才真正消化吸收，最后形成了具有日本民族特色的茶道。日本茶道文化虽然源自中国，但却自成一体，颇具魅力，影响深远，值得借鉴。

第三节
古代汤文化

汤是开胃的良方，许多人都喜欢饭前或饭后喝上一碗汤。汤的花样丰富多彩，常见的如三鲜汤、海带汤、皮蛋汤、紫菜汤、红烧骨汤、荷包蛋汤、白菜汤等，多达一千余种。这说明了汤在人们日常生活中所扮演的重要角色和它的普遍性。正因为汤是如此的重要，汤文化也就自然地发展了起来，并不断地丰富和完善着，成为人们饮食中的重要组成部分。

 汤的分类

汤的分类，从大的方面来分，大致有以下几种分类方法。

1. 以汤的性状分类

（1）清汤。加热时间短，保持食物口感的滑嫩，汤汁清淡而不浑浊是清汤的特色。因材料加热的时间不长，所以材料的鲜味无法完全释放在汤里。

蛋花汤

因此，这些短短几分钟就能起锅的汤，必须靠加料来提味，或用高汤来佐汤，如家常的青菜豆腐汤、蛋花汤等。但有些清汤不用高汤，直接以材料本身的原味来提鲜。这类清汤有两个特点：一是材料较厚实，如猪肉、猪排骨；二是用小火熬，如用大火烧，则材料不易煮烂，也会使汤汁快速蒸发，更易造成浑浊。此外，入锅前的余烫去血也是很重要的，否则会使汤汁浑浊或是汤面残留泡沫。

（2）高汤。用来佐味的汤底，选用的材料主要分为猪骨、鸡骨和鱼骨三种。猪骨较油腻、体积大；鸡骨汤汁清爽，但需要较多的量才能熬出好味道；鱼骨鲜美，但不易取得，且处理不好会有腥味。高汤材料的制作选择各有利弊，主要是针对不同的特性，取其优点，如此方能熬出物美价廉的高汤。有了好高汤，再加入其他食材烹煮，滋味更鲜美，如日本拉面汤。

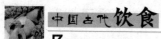
（3）浓汤。同样以高汤做汤底，添加各种材料一起煮，再以大量的粉料勾芡，让汤汁呈现浓稠状，如玉米浓汤。

（4）羹汤。虽然亦是以粉料勾芡，但和浓汤的不同之处是羹汤所用的粉料以生粉或玉米粉为主，且用在羹汤中的材料，必须切细或切碎。若形状体积稍大时，必须火候足，经久煮，使材料软烂，以免勾芡后黏在一起，如海鲜羹汤、肉羹汤。

（5）甜汤。味道甜美、制作简单，是甜汤的特色。甜汤材料选择多样，有常见的红豆、绿豆、花生，亦有较为高级的黑糯米、芝麻、核桃等，做法多变。港式甜汤，广东人称为糖水，由于讲求功夫、火候、制作时间，所以做出来的糖水大多具有养颜美容、滋补润肺的功用。

 2. 以原料分类

可分为肉类、禽蛋类、水产类、蔬菜类、水果类、粮食类、食用菌类。

 3. 以汤的颜色分类

基础汤可分为白色基础汤和棕红色基础汤。

（1）白色基础汤。白色基础汤是用汤料、水、香料等煮制的汤，此种汤颜色较浅，由于使用的汤料不同，白色基础汤又可以分为牛基础汤、鸡基础汤、鱼基础汤等。

（2）棕红色基础汤。棕红色基础汤是把汤料放入烤箱内烤上颜色，再放入水中，加一些香料煮制的汤，这种汤颜色较深。棕红色基础汤中最常见的是牛布朗基础汤、鸡布朗基础汤、虾布朗基础汤等。

基础汤的用料：制作基础汤要选用鲜味充足且无异味的原料，如鸡、瘦肉、骨头、新鲜的水产品等。这些原料大都含有核苷酸、肽、琥珀酸等鲜味成分，其中，生长期长的动物比生长期短的动物鲜味成分多，同一动物体上，肉质老的部位比肉质嫩的部位鲜味成分多。所以一定要尽量选择一些边角料来煮汤，如骨头、鸡爪、鱼骨、虾壳等。

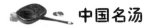 **中国名汤**

 1. 扣三丝汤

扣三丝是上海地区流传久远的地方名菜，扣三丝历来是制作工艺较高的品种，制作者不但要有精湛的刀功技术，还需要具备熟练的挑和技巧，操作十分繁复；选料也特别讲究，所谓三丝，就是金华火腿丝、笋丝和熟的鸡脯丝。

（1）原料。鸡胸肉（六两），洋火腿（两片），鸡蛋、冬菇（各两只），上汤（三杯），姜（两片），葱（一棵），酒（半茶匙）。

（2）做法。扣具内先放一只修切完整的水发香菇，再将火腿丝分成三份，呈三对角放入扣具，并使之紧贴具壁，剩下三个空当中，两个放笋丝，另一个放熟鸡脯丝，中间填入熟的火腿肉丝，然后加适量调料和汤，上笼蒸透后，覆在汤碗中，冲入调好味的清鸡汤。成品色泽艳丽，红白相间，故也被称作"金银扣三丝"，又因成菜其形成山，而有金银堆积如山的吉利象征，旧时沪郊农村富裕人家的婚庆宴席上把扣三丝作为主菜，一是标榜宴席的档次，二是讨个吉祥富贵的好彩头，另外厨师也以制作精致的扣三丝来炫耀自己的技艺。

 2. 不翻汤

不翻汤据说有 120 年的历史，创始人刘振生，现已传三代人，它做工的考究，以及别出心裁的外形确实吸引人。

（1）原料。以金针、粉丝、韭菜、海带、香菜、虾皮、木耳、紫菜等，加入精盐、味精、胡椒、香醋。

（2）做法。随其名，将事先做好的薄饼（最好为绿豆饼）置于高汤上，待锅中水翻滚时，饼子却不翻个儿，口感酸、辣，略带些麻。

 3. 羊肉汤

特色羊肉汤如洛阳阎家羊肉汤，已传四代人，至今已有 1500 年的历史。而在第二代人阎顺生的独门创新下，调料配置适当，汤味更加鲜美，使羊肉

汤达到了更高的一层境界。从此，阎家羊肉汤名震豫西城乡。

（1）原料。羊肉、花椒、桂皮、陈皮、香菜、草果、姜、葱、精盐、红油等。

（2）做法。将羊肉洗净切成块，羊骨砸断铺在锅底，上面放上羊肉，加水至过肉，旺火烧沸，撇净血沫，将汤滗出不用。另加清水，用旺火烧沸，撇去浮沫。再加上适量清水，沸后再撇去浮沫，随后把羊油放入稍煮片刻，再撇去一次浮沫。将大料用纱布包成香料包，一同与姜片、葱段、精盐放入锅内煮沸即成。喝之爽而不黏，口感滑、顺、醇。

 4. 胡辣汤

胡辣汤是河南小吃系列中的一绝。它源于清代中叶，大兴于民国初年，之后花样不断翻新。胡辣汤无冬夏之分，四季皆宜，其味美可口，深得人们的青睐。

胡辣汤

（1）原料。粉条、肉、花生仁、芋头、山药、金针、木耳、干姜、桂仔、面筋泡等主料，茨粉、花椒、茴香、精盐、酱油、食糖、香油等辅料。

（2）做法。先将红薯粉条和切碎的肉放入铁锅里炖（一般汤类都少不了的工序）同时加入准备好的材料。待八成熟后勾入适量精粉，注意搅拌。然后兑入配好的调料及花椒、胡椒、茴香、精盐和酱油，略加食糖少许，一锅色、香、味俱佳的胡辣汤就做成了。最关键的调料是胡椒，这是其辣之缘由。做成的汤呈暗红色，极能激起北方人的食欲。

汤与名人

汤的营养价值及其在饮食中的重要地位，使得全世界各地人们都爱喝汤。尤其是在中国汤的历史上，有许多关于汤和名人的故事。

在我国古代，据说汉刘邦最爱喝狗肉汤，而且多由名将樊哙亲手调制。因为樊哙和荆轲都是秦末年间有名的屠狗行家，所以很擅长做狗肉汤。狗肉汤益气、温肾、润胃、健腰、暖膝、轻身、壮力气、安五脏、补血脉，据说曾治好了刘邦征战中落下的老寒腿。

宋代最杰出的女词人李清照，也是一位药膳美食家。她最爱喝炖汤，有着爱饮酒品汤膳的生活习惯。南渡以后的李清照，经历了家破人亡、沦落异乡的坎坷。香尽酒残，但她依然爱品尝汤膳，品汤之时更加重了她对故乡、亲人刻骨铭心的思念。

清朝饮食方面有更多的讲究，钟爱汤的大有人在。清末闽浙总督左宗棠，热衷于杭州的新鲜莼菜汤。后来，他被调任新疆军务大臣，无奈瀚海戈壁，想吃莼菜汤而不可得，愈加思念此美味。后来，鼎鼎大名的浙江富商胡雪岩得知左大人的苦楚，使用纺绸一匹，将新鲜莼菜逐片压平夹在里面，托人带到新疆。由于保存得当，莼菜至新疆后做成汤羹，仍味美如同新摘，让左宗棠大快朵颐。

末代皇帝溥仪嗜汤更甚。他用膳的地方在东暖阁，每餐的饭要摆三四个八仙桌，光粥就有五六种之多，各种汤达十多种。溥仪除去爱喝汤，也爱养狗，养的狗有一百多条。他最喜欢的两只警犬，一名弗格，一名台格。弗格是德国品种，浑身通白，由于平常爱喝溥仪剩下的汤，时间一久，竟使白狗变黑，可见此汤的功效了。

许多名人不仅爱喝汤，还曾亲自设计或动手烹制汤羹。早年间学过医的孙中山先生就是其中的一位。他就曾以金针菜、黑木耳、豆腐、豆芽合成"四物汤"，这种汤不但营养丰富，而且还能解口苦难咽之弊，具有很好的祛病延年之功效；文化名人马叙伦在北京时，曾游中山公园，并在其中的长美轩进餐，亲自开出若干作料，叫厨师按他所说的方法去做，烹制出来的菜汤味道鲜美至极，店老板遂以先生之大名将其命名为"马先生汤"。后来，这种汤不仅成了该店用来撑门面的菜品，还在民间广为流传。

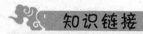

知识链接

孤岛鲜鱼汤

孤岛鲜鱼汤，是山东东营地区的一道名菜，因汤浓色白、鱼肉鲜嫩而远近闻名。

话说唐朝名将薛仁贵征东时途经此地，被敌兵追赶，却被黄河拦住了去路。此时正值雨季，黄河水大浪急，河上又无船无桥，在这芦苇丛生、红柳遍地、人烟稀少的地方，渡河成了一大难题。这天正值黄昏，薛仁贵独自一人忧心如焚地朝南走去，也不知走了多远，突然发现前面有一座茅舍，烟囱里正冒着烟，一股鲜鱼的香味扑鼻而来。薛仁贵来到门口，看到屋内有两位老人，便彬彬有礼地连忙上前打招呼。老人一看是位将军，连忙让座。这时鲜鱼已经炖好了，老人便盛上一碗端给了薛仁贵。薛仁贵也不推辞，便吃了起来。两碗鱼汤下肚，才想起渡河之事，就向老人询问。老者为其出谋划策，薛仁贵感谢万分，告别老者，回到营房。第二天分别找来渡船，连成浮桥，渡过黄河。后来征东胜利，开宴庆功，薛仁贵命人专门做了鲜鱼汤，百官品尝后，连口称赞。事后，薛仁贵派专人给老者送去银两，表示感谢。从此，鲜鱼汤便在黄河口流传开来。因薛仁贵喝的是王姓老人做的鲜鱼汤，现在仍以王姓的鲜鱼汤为正宗。

第六章

中国名吃、名菜与名宴

　　风味小吃作为中国烹饪文化的重要组成部分，本身在不断地提高，也不断谱写人类饮食的文化史。招牌菜打磨的时间很长，工艺相当精湛，技术含金量甚高，味道纯正，能强烈地诱发人们的食欲。招牌菜在其他地区不易被模仿，即便模仿出来也不能体现其精髓。同样，中国的宴会也大有讲究，有约定俗成的几大名宴。

第一节
中国风味小吃

民以食为天，中国餐饮文化博大精深，风味小吃在中国的饮食文化中也是品类众多，琳琅满目。

中国地方风味小吃种类丰富，有面点、肉类，有甜的、咸的、辣的，有蒸的、煮的，数不胜数。其实现在许多小吃在全国各地都可以吃到，但是家乡的小吃具有浓郁的地方文化特征，有一种浓浓的乡情在里面。

地方小吃不只是简单的地方风味食物，它也是区域人群的感情维系的纽带。

北京小吃驴打滚

驴打滚又称豆面糕，是北京小吃中的古老品种之一，它是用黄米面加水蒸熟，和面时稍多加水和软些。另将黄豆炒熟后，轧成粉面。制作时将蒸熟的黄米面外面沾上黄豆粉面擀成片，然后抹上赤豆沙馅（也可用红糖）卷起来，切成100克左右的小块，撒上白糖就成了。

驴打滚

制作时要求馅卷得均匀，层次分明，外表呈黄色，特点是香、甜、黏，有浓郁的黄豆粉香味儿。

天津小吃狗不理包子

传说，在天津郊区有一户农民，四十岁时才喜得贵子，为了求平安，就取了个贱名叫"狗子"。狗子长到十四岁时，就不得不进城学艺，在一家蒸食铺当小伙计。狗子心灵手巧、勤奋好学，练了一手好活儿。但是，他家穷总让人看不起，不断地被人取笑。于是狗子不甘再寄人篱下、任人摆布了，便摆起了包子摊儿。狗子的包子在他的

天津狗不理包子店铺

琢磨下，别具一格。用料精细，制作讲究。在用料上，包子的馅，选用七成瘦三成肥的新鲜猪肉，用上等酱油找口，再放上香油、味精、葱姜末等作料，边加水，边搅拌，打成肉丁水馅。包子的皮使用半发酵"一拱肥"面。做工上，从揉面、揪剂子、擀皮、装馅、掐包、上屉、上大灶，都有明确的规格标准，掐出来的包子褶花匀称，每个包子的褶不少于十五六个。

这种水馅、半发面的工艺，使做出来的包子口感柔软、鲜香不腻，越来越多的人都来吃包子，生意十分兴隆。而狗子则忙得顾不上与顾客们说话，众人就开玩笑地说："狗子卖包子都不理人了。"民间说"狗子"和"狗狗"一样，都含有亲切的意思。天长日久，喊顺了嘴，包子就成了"狗不理"了。

哈尔滨小吃红肠

红肠是哈尔滨最经典的小吃。红肠原本来自俄罗斯。红肠是用长在大兴安岭的老果木熏制而成，熏得好的红肠，表面会粘附一层肉眼看不见的果木炭灰。吃的时候要把表皮也一块儿吃掉，这才是真正的红肠风味。哈尔滨红肠选料精良，以猪瘦肉为主要原料，恪守欧式配方，经引进欧洲先进生产工艺设备精加

哈尔滨红肠

工而成。产品外观鲜艳，呈枣红色，光泽起皱，内部玫瑰红色，脂肪乳白色，切面光泽有弹性，肉香与胡椒、蒜香混合的香气较浓，味美质干，熏烟芳香。由于采用先进的标准生产，其产品蛋白质含量高，营养丰富。由此也可以看出，哈尔滨红肠的生产已经摆脱了原来家庭生产的模式，变成公司生产，因而经营规模更大。

绍兴小吃臭豆腐

凡到过绍兴的人，都被飘扬在街头的"远之则臭，近之则香"的气味所吸引，那就是众多游人难以忘怀的臭豆腐。臭豆腐是霉菜的一种，它是利用霉苋菜梗卤浸泡豆腐制成的，再用油炸了吃，香臭融合、外脆里嫩，是绍兴街头十分常见的小吃。油炸臭豆

绍兴臭豆腐

腐抹上辣酱后卖相更是诱人，绍兴咸亨酒店的辣酱虽不太辣，但却很咸，具有浓郁的绍兴地方风味。除此以外，江南古城绍兴，许多吃食带有"霉"字，还有霉豆腐、霉千张、霉苋菜梗、霉毛豆、霉菜头、霉竹笋、霉冬瓜等，这些都成了绍兴最有特色的风味菜肴。如霉千张，是绍兴人饭桌上的家常菜。层层卷叠，亦黄亦黑，亦霉亦臭，可谓食物中之怪味。这些霉食不但取材方便、加工简单，而且还有开胃增食的作用，是一种经济实惠的菜肴。因此人们说到绍兴不吃绍兴霉食，不算到绍兴。

福建沙县小吃馄饨

扁肉，俗称馄饨，是沙县最有名气的小吃。因其馅料、汤料、吃法、调味上的差异，分为煮扁食、炸扁食、炝扁食、三鲜扁食、虾肉扁食、扁食面

等二十多个品种。福建沙县扁食的最大特点是皮薄馅多，500 克面粉一般能加工出三四百张皮坯，馅肉用的是新鲜猪后臀纯精瘦肉。最特别的是在皮、馅里加碱，这样一来，皮坯变得更有弹性，且不易酸败变味。馅料则增加吃水量，脆嫩有味，嚼劲十足。煮熟后，晶莹通透的扁食，载沉载浮于白浓的高汤上，再撒上翠绿的葱花，清香扑鼻，诱惑难当，具有地域特色。

馄饨

　　沙县的扁食肉馅，是用木槌打成的，一团瘦肉打成肉馅，要打一万次上下，其辛苦程度可想而知。如果用绞肉机，固然省力，但做出来的肉馅口感、韧性远不如木槌打成的。因此许多经营者放弃了轻松，宁肯站在半人高的台前，一下一下挥舞着笨重的木槌。也正是靠这种特色才使沙县小吃赢得了全国各地顾客的喜爱，享誉海内外。扁肉馄饨吃起来，肉馅嫩、鲜、脆、爽，汤有淡淡的当归气息，通常一碗扁食、一笼沙县蒸饺，可以吃得心满意足。

武汉小吃热干面

　　武汉的热干面与山西的刀削面、两广的伊府面、四川的担担面、北方的炸酱面并称我国的"五大名面"。热干面是武汉的传统小吃之一。20 世纪 30年代初期，汉口长堤街有个名叫李包的食贩，在关帝庙一带靠卖凉粉和汤面为生。有一天，天气异常炎热，不少剩面未卖完，他怕面条发馊变质，便将剩面煮熟沥干，晾在案板上，一不小心，碰

武汉热干面

倒案上的油壶，麻油泼在面条上。李包见状，无可奈何，只好将面条用油拌匀重新晾放。第二天早上，李包将拌油的熟面条放在沸水里稍烫，捞起沥干入碗，然后加上卖凉粉用的调料，弄得热气腾腾，香气四溢。人们争相购买，吃得津津有味。有人问他卖的是什么面，他脱口而出，说是"热干面"。从此他就专卖这种面，不仅人们竞相品尝，还有不少人向他拜师学艺。热干面既不同于凉面，又不同于汤面，面条事先煮熟，拌油摊晾，吃时再放在沸水里烫热，加上芝麻酱、虾米、葱花、酱萝卜丁、小麻油和醋等调料拌匀，面条筋道，黄而油润，香而鲜美，耐嚼有味。热干面的酱很浓，没有汤，需要搅拌均匀，食用时也往往需要佐以饮料。

成都小吃龙抄手

"抄手"即北方所说的"馄饨"，在广东、广西一带叫"云吞"。"龙抄手"以其选料讲究、制作精细、香醇可口而独具特色，成为了四川小吃的一个代表。"龙抄手"创始于20世纪40年代，当时成都春熙路"浓花茶社"的张光武等几位伙计商量合资开一个抄手店，取店名时就谐"浓"字音，也取"龙凤呈祥"之意，定名为"龙抄手"。"龙抄手"的主要特色是：皮薄、馅嫩、汤鲜。"龙抄手"皮用的是特级面粉加少许配料，细搓慢揉，擀制成"薄如纸、细如绸"的半透明状。肉馅细嫩滑爽，香醇可口。"龙抄手"的原汤是用鸡、鸭和猪身上几个部位的肉，经猛炖慢煨而成，又白又浓又香。

成都龙抄手

"龙抄手"的种类很多，有原汤、清汤、鸡汤、海味、红油等多种。特别是原汤，汤味浓郁鲜美，可以说是汤中的上品。其他汤的口味也咸淡适中，鲜香可口，都有独特的味道。龙抄手皮既薄又筋道，馅细嫩鲜美，汤味浓香，诱人食欲。

昆明小吃过桥米线

云南的过桥米线已有一百多年的历史，它的起源也有一个美丽动人的故事。过桥米线最初起源于滇南的蒙自县城。相传在城外有一个南湖（现在犹存），湖水清澈如碧，湖畔垂柳成行。湖心有个小岛，岛上不仅有亭台楼阁，而且翠竹成林，古木参天，景色优美幽静，空气清新怡人，是附近学子们攻读诗书的好地方。有个书生到湖心的小岛去读书备考，但因为

昆明过桥米线

埋头用功，常常忘记吃妻子送去的饭菜，等到吃的时候往往又凉了。由于饮食不正常，天长日久，身体日见消瘦，妻子十分心疼。有一次，妻子杀了一只肥母鸡，用砂锅熬好后送去，很长时间仍然温热，便将当地人喜欢吃的米线和其他作料放入，味道很鲜美，书生也喜欢吃，贤惠的妻子就常常仿此做好送去。后来，书生金榜题名，但他念念不忘妻子的盛情，戏说是吃了妻子送的鸡汤米线才考中的。因为他妻子送米线到岛上要经过一道曲径小桥，书生便把这种做法的米线叫作"过桥米线"，此事一时传为美谈。人们纷纷仿照书生妻子的做法做米线，过桥米线从此流传开来。经过后人的加工改进，过桥米线越做越好，越传越远。

西安小吃羊肉泡馍

羊肉泡馍用上好的羊肉，精滑的粉丝，翠绿的香菜、蒜苗，浇上羊汤，配以馍，是西安人早餐的首选。

羊肉泡馍和葫芦头泡馍看上去差不多，其实区别很大。羊肉泡馍的馍叫

西安羊肉泡馍

"饪饪馍"，俗称"九死一生"，即 90% 的死面和 10% 的发面混合制成。做馍时，面团不能太软，揉至筋光韧滑，做成小圆饼进鏊翻烤。而葫芦头泡馍用的馍是"七死三活"，就是 70% 的死面和 30% 的发面做成，比羊肉泡馍略微松软一些。

掰羊肉泡馍比较费劲，要掰得越小越好，羊肉汤的味道才能够进去，手艺生的，一张馍掰下来，手指发酸。葫芦头的馍掰起来省劲些，掰这种馍的工序是一分为二，二分为四，掰成指甲盖大小。在制作的时候，羊肉泡馍和葫芦头泡馍也大不相同。因为面硬，羊肉泡馍是要下锅煮的；而葫芦头泡馍则是用沸汤一遍遍地浇透。

兰州小吃酿皮（凉皮）

酿皮，有的地方也叫凉皮。黄灿灿、油润润的酿皮加上拌入其中的乳白色柔软的面精，融入辣椒内的调料有大料、芝麻酱、香油等，再调入蒜、醋、盐、酱油、芥末、味精等，麻、辣、酸、香俱全。

兰州凉皮

酿皮的具体做法是：首先用冷水调好面，将面揉均匀之后，再放入盆中用冷水浸泡十分钟左右，然后用手进行搓洗，搓洗净淀粉后所剩的那块弹性极好又光滑细腻的面团，称为面筋。取出来，用专用毛巾蘸干面筋上的水渍后，放进笼锅蒸四十分钟左右，面筋即成。而洗在盆中的面水在沉淀三小时之后，将上面的水倒掉，换上清水，放入食碱，搅拌均匀后舀入酿皮锅蒸煮，一锅酿皮五分钟左右便可蒸好。

桂林小吃米粉

桂林米粉在历史上独享盛名。其特点不在米粉本身，而在调料和配菜的讲究。配菜是将卤好的猪肉、牛肉、马肉等过油稍炸，使其甘香韧脆；调料则是肉类卤后的汤加上数十种中药、香料熬制所得的卤水。一碗热腾腾的米粉，铺上一层卤菜，加些酥脆的黄豆或花生米，撒点葱花、

桂林米粉

香菜，淋上熟油、卤汁，端上来香气四溢，鲜美可人。所以，卤菜甘香和卤水鲜美才是桂林米粉的特色。

（1）马肉米粉在桂林米粉中独树一帜，其名气比卤味米粉更加响亮，吃法也更特殊。马肉米粉以马骨和马肉熬汤至极浓，呈乳白色，再用盖碗茶杯大小的碗，烫好只够成年人吃一口的米粉，上铺熟马肉和腊马肉各三片，撒上香菜、加上一瓢滚热的汤。吃马肉米粉，先一口米粉下肚，再喝两口热汤，嘴里咀嚼香甜的马肉，第二碗立即又端了上来，味鲜滚热，甚得人们的推崇和喜爱。一般食二十碗很平常，能吃的人吃上三五十碗，也不算稀奇。如今桂林马肉米粉店仅存一两家，但已改成大碗盛粉了。

（2）桂林马蹄糕

马蹄糕主料为大米粉，把米粉装入状如马蹄的木模，用黄糖粉、马蹄粉或芝麻粉包心，猛火蒸熟，取出即可食用。其制作简便，吃来香味扑鼻，松软可口。一般多为个体摊担现做现卖，散见于各处街头巷口。来往行人，即购即吃，十分方便。

第二节
中国地方名菜

招牌菜闻名遐迩，常是一家饭店或一座城市靓丽的名片。人们提起某个饭店或城市总会说到这些招牌菜。

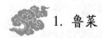 **中国八大菜系**

中国饮食以其工艺精湛、工序完整、流程严谨、烹调方法复杂多变等特点在世界烹饪史上独树一帜，形成了独具特色的饮食文化。中国是世界上公认的东方烹饪的代表，与法国、土耳其并列为"世界三大烹饪王国"。

对中国菜系的分法，最有影响力的是海内外公认的"四大菜系"和"八大菜系"。"四大菜系"即鲁（山东菜系）、川（四川菜系）、淮扬（淮河和扬州一带，以扬州为中心的菜系）、粤（广东菜系）。"八大菜系"即鲁、川、苏、粤、湘（湖南菜系）、浙（浙江菜系）、闽（福建菜系）、皖（安徽菜系）。

除以上所列菜系外，各省市或地区如东北三省、湖北、台湾、香港等地也有各自的一些特色。随着时间的推移，菜系并非永恒不变，某些菜系可能已明显落后，而有些菜系则取得更大发展。此外，按其他角度划分，中国菜系还可分为御膳、官府菜、少数民族菜系、素菜、药膳等。

本文主要介绍传统的"八大菜系"。

1. 鲁菜

鲁菜也称山东菜。可分为济宁、济南、胶东三个分支，素以"浓少清多、醇厚不腻"见长。注重鲜、香、脆、嫩，技法偏重爆、炒、烧、扒、蒸。尤其擅长调制清汤、奶汤。清汤，清澈见底而香；奶汤，色如乳而醇厚。胶东半岛的福山、烟台、青岛等沿海地区，对烹制各种海味更见功夫，如"炸蛎黄""油爆海螺"等，均为胶东名菜。鲁菜的代表作有：糖醋鲤鱼、烤大虾、九转大肠、葱爆海参、清蒸加吉鱼、锅塌豆腐、奶汤鲫鱼、清蒸海胆等。

2. 川菜

川菜以成都风味为主，还包括重庆、乐山、江津、自贡、合川等地方风味，讲究色、香、味、形、器，兼有南北之长，以味多、广、厚著称。当今常用的味别有鱼香、姜汁、咸鲜、咸甜、家常、红油、怪味、蒜泥、葱油、椒麻、椒盐、陈皮等20余种，调配多变，适应性极其广泛。由高级宴席、一级宴席、大众便餐、家常风味四个部分组成。其宴席菜肴以清鲜为主，大众便餐和家常风味以辣、辛、香见长，特别是在辣味的运用上讲究多样，尤其精细，调味灵活多变，注重使用辣椒、胡椒、花椒。根据不同的原料，因材施艺，将众多的原料与调料巧妙配合，烹调出千变万化的复合美味，从而使川菜形成"清鲜醇浓、麻辣辛香、一菜一格、百菜百味"的独特风格。代表作有：宫保鸡丁、麻婆豆腐、鱼香肉丝、灯影牛肉、干煸牛肉、虫草鸭子、家常海参、干烧岩鱼、水煮牛肉等。

3. 苏菜

苏菜主要由淮扬（扬州、淮河一带）菜、江宁（镇江、南京）菜、苏锡（苏州、无锡）菜、徐海（徐州、连云港）菜四大部分组成。

其共同特点是：选料严谨，制作精细，因材施艺，四季有别，既精于焖、煎、蒸、烧、炒，又讲究吊汤和保持原汁原味，咸甜醇正适中，酥烂脱骨而不失其形，滑嫩爽脆而益显其味。

其不同特点是：淮扬菜以清淡见长，味和南北；江宁菜以滋味平和、醇正味美为特色；苏锡菜清新爽适，浓淡相宜，船菜、船点制作精美；徐海菜以鲜咸为主，五味兼蓄，风格淳朴，以注重实惠著称。

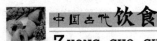
代表作有：松鼠桂鱼、清炖狮子头、三套鸭、叫化鸡、盐水鸭、翡翠蹄筋等。

 4. 粤菜

粤菜以广州菜、潮州菜、东江菜为主体构成，其中以广州菜为代表。粤菜取料广泛，善用狸、猫、蛇、狗入馔，尤其蛇做得最好；菜肴讲究鲜、嫩、滑、爽，夏秋清淡，冬春浓郁；技法精于炒、烧、烩、烤、煎、灼、焗、扒、扣、炸、焖等，特别是小炒，火候、油温的掌握恰到好处；调味善用蚝油、虾酱、沙茶酱、海鲜酱、红醋、鱼露、奶汁等。潮州菜在东南亚一带颇有名声，一向以烹制海鲜见长，煲仔汤菜尤其突出；刀工精巧，口味清醇，讲究保持主料的鲜味。东江菜油重，味偏咸，主料突出，朴实大方，尚带中原之风，乡土风味浓重，传统的盐焗法极具特色。

粤菜配合四季更替，有"五滋""六味"之说。五滋即：清、香、脆、酥、浓。六味即：酸、甜、苦、辣、咸、鲜。代表作有：烤乳猪、蚝油牛肉、龙虎斗、冬瓜盅、文昌鸡、烩蛇羹、开褒狗肉、梅菜扣肉、东江盐焗鸡、大良炒鲜奶。

 5. 浙菜

浙江菜由杭州菜、宁波菜和绍兴菜构成。浙江菜系非常讲究刀工，制作精细，变化较多，因时而异，简朴实惠，富有乡土气息等特点。

浙江菜的主要代表作有：西湖醋鱼、龙井虾仁、干炸响铃、油焖春笋、生爆鳝片、莼菜黄鱼羹、清汤越鸡等。

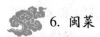 **6. 闽菜**

闽菜主要由福州菜、厦门菜、闽西菜三部分组成。其特点是：制作精巧、讲究刀工、色调美观、调味清鲜。口味方面，福州菜偏甜酸，闽南菜多香辣，闽西菜喜浓香醇厚。

闽菜主要代表作有：佛跳墙、太极明虾、清汤鱼丸、鸡丝燕窝、沙茶焖鸡块等。

7. 湘菜

湘菜由湘江流域、洞庭湖地区和湘西山区三种地方风味菜组成。辣味菜和烟熏腊肉是湘菜的特点。口味重辣、酸、香、鲜、软、脆。

湘菜的主要代表作有：麻辣仔鸡、东安仔鸡、腊味合蒸、红煨鱼翅、金钱鱼、酸辣红烧羊肉、清炖羊肉、洞庭肥鱼肚、吉首酸肉等。

8. 徽菜

徽菜是由徽州、沿江、沿淮三种地方风味构成。徽菜以烹制山珍野味著称，善用皖南山区特产之马蹄（甲鱼）和九尾狸（果子狸）制作菜肴，其特点是选料朴实，讲究火工，芡大油重，实惠。

徽菜的著名菜肴有：红烧果子狸、火腿炖甲鱼、红烧划水、符离集烧鸡、黄山炖鸽、奶汁肥王鱼等。

夫妻肺片

"夫妻肺片"是成都地区人人皆知的一款地方名菜。相传在 20 世纪 30 年代，成都少城附近，有一男子名郭朝华，与其妻一道以制售凉拌牛肺片为业。他们夫妻俩亲自操作，走街串巷，提篮叫卖。他们经营的凉拌肺片制作精细，

风味独特，深受人们喜爱。为区别一般肺片摊店，人们称他们为"夫妻肺片"。设店经营后，在用料上更为讲究，以牛肉、牛心、牛舌、牛肚等取代最初单一的牛肺，质量日益提高。为了保持此菜的原有风味，"夫妻肺片"之名一直沿用至今。

夫妻肺片

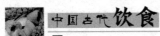
道口烧鸡

道口镇素称烧鸡之乡。道口烧鸡肥而不腻，色鲜味美，食用勿需刀，用手一抖，骨肉自行分离。无论冷热，均余香满口。

道口烧鸡已有三百多年的历史了，创始人叫张炳。他在道口镇大集街开了个小烧鸡店，因制作不得法，生意十分冷清。有一天，一位曾在清宫御膳房当过御厨的老朋友来访。两人久别重逢，对饮畅谈。张炳趁机向他求

道口烧鸡

教，那朋友便告诉他一个秘方："要想烧鸡香，八料加老汤。"八料就是陈皮、肉桂、豆蔻、良姜、丁香、砂仁、草果和白芷八种作料；老汤就是煮鸡的陈汤。每煮一锅鸡，必须加上头锅的老汤，如此沿袭，越老越好。张炳如法炮制，做出的鸡果然奇香无比。从此，生意兴旺。张炳把他的烧鸡店定名为"义兴张"。

"义兴张"的牌子打出以后，张炳反复实践，在选鸡、宰杀、撑型、烹煮、用汤、火候等方面，摸索出一套经验。他选鸡严格，要选两年以内的嫩鸡，以保证鸡肉质量。挑来的鸡，要等一段时间再宰，以便让鸡消除紧张状态，恢复正常的生理机能，有利于杀鸡时充分放血，也不影响鸡的颜色。配料、烹煮是最关键的工序，将炸好的鸡放在锅里，兑上老汤，配好作料，用武火煮沸，再用文火慢煮。烧鸡的造型更是独具匠心，鸡体剖开后，用一段高粱秆把鸡撑开，形成两头尖尖的半圆形，别致美观。"义兴张"至今已近三百年了，张炳的烧鸡技术历代相传，始终保持独特的风味，其色、香、味、烂，被称为"四绝"。

全聚德烤鸭

全聚德烤鸭名扬海外，"不到长城非好汉，不吃烤鸭真遗憾"，这是对北京全聚德烤鸭的赞美。清咸丰初年，河北人杨寿山到北京，开始做鸡鸭

的买卖。有一定积蓄后，就把前门大街卖干鲜果品的店铺"德聚全"给盘了过来，听从风水先生的话将店名倒过来改为"全聚德"。当时米市胡同的便宜坊买卖很兴隆，焖炉烤鸭供不应求。经过杨寿山同伙计的多次试验，挂炉烤鸭终于成功了，其色香味都不次于焖炉烤鸭。

全聚德烤鸭店

烤鸭是全聚德的主要经营品种，从选鸭、填喂、宰杀，到烧烤，都是一丝不苟的。全聚德选的北京填鸭讲究养不足百天，体重在 2.5 千克以上，才能宰杀。宰杀褪毛后，在鸭子的右膀下挖个小洞，从这个小洞，伸进二指，把鸭子的内脏取出，然后用净水把鸭子里外洗净，用嘴把鸭皮吹鼓，用一节秫秸插进鸭尾部，再从鸭膀下的洞灌入清水，用丝线将洞口缝上。一切停当后，才将鸭子挂在钩上入炉烤。这样，外烤，内煮，鸭子烤好出炉，外皮呈油黄。吃进口中，鸭肉鲜嫩，肥而不腻，味美香甜，常吃不厌。

西湖莼菜

西湖的莼菜，又名马蹄草、水莲叶，很早以前就是我国的一种珍贵水生植物。莼菜不仅味道清香，营养也很丰富。它的嫩茎、嫩芽、卷叶周围都有白色透明的胶状物，含有较高的胶质和其他成分。据测定，每 100 克鲜莼菜含蛋白质 900 毫克、糖分 230 毫克以及较多的维生素 C 和少量铁质。西湖莼菜汤又称鸡火莼菜汤，是杭州的传统名菜，用西湖莼菜、火腿丝、鸡脯丝烹制而成。此汤，莼菜翠绿，火腿绯红，鸡脯雪白，色泽鲜艳，滑嫩清香，营养丰富。

西湖莼菜汤

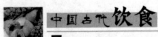
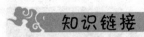知识链接

中国四大名菜

西施舌

在西施故里浙江诸暨市，有一种点心被称为"西施舌"。其做法是：糕点师用吊浆技法，先用糯米粉制成水磨粉，然后再在其中包入枣泥、核桃肉、桂花、青梅等十几种果料拌成的馅心，放在舌形模具中压制成型，汤煮或油煎均可。这种点心白色如月，香甜爽口。此外，还有一道以海鲜贝类花蛤或沙蛤制成的汤类，也被赐以"西施舌"的美名。相传唐玄宗东游崂山时，厨师给他做了这道汤菜，唐玄宗吃后连声叫绝。这道汤菜，汤汁腻滑，品质爽滑，味道鲜美，有"天下第一鲜"之称。

贵妃鸡

这是上海名厨独创的一道川菜肴。它是用肥嫩的母鸡作为主料，用葡萄酒作调料，成菜后酒香浓郁美味醉人，有"贵妃鸡"之意。在西安还有一种"贵妃鸡"，以鸡脯肉、葱末、料酒、蘑菇等为馅的饺子，形似饱满的麦穗，皮薄馅嫩，鲜美不腻。关于这道菜的典故，前文已有介绍。

貂蝉豆腐

貂蝉豆腐，又名"泥鳅钻豆腐"，是一道民间风味菜，以河南周口地区最为有名。这道菜以泥鳅比喻狡猾的董卓，泥鳅在热汤中急得无处藏身，钻入冷豆腐中，结果还是逃脱不了烹煮的命运，就好似王允献貂蝉、巧使美人计一样。此菜豆腐洁白，味道鲜美带辣，汤汁腻香。

民间小吃中还有一种"貂蝉汤圆"，传说是王允请人在普通的汤圆中加了生姜和辣椒。董卓吃了这种洁白诱人、麻辣爽口、醇香宜人的汤圆后，头脑发胀，大汗淋漓，不觉自醉，被吕布乘隙杀了。

昭君鸭

传说出生在楚地的王昭君出塞后吃不惯面食，于是厨师就将粉条和油面筋合泡在一起，然后放入事先熬好的鸭汤中煮，昭君食后十分满意。后来，人们便用粉条、面筋与肥鸭烹调成菜，称为"昭君鸭"，一直流传至今。

在西北地区还流行一种以王昭君的名字命名的小吃——"昭君皮子"，其实就是如今人们在夏日常吃的凉皮。其做法是将面粉分离成淀粉和面筋，并以淀粉制成面条，面筋切成薄片，搭配并食，并辅以麻辣调料，吃起来酸辣凉爽，柔嫩可口。

第三节
中国名宴

宴会是人和人之间的一种礼仪表现和沟通方式，是人们生活中的美好享受，也是一个国家物质生产发展和精神文明程度的重要标志之一。宴会是政府机关、社会团体、企事业单位、公司或个人之间为了表示欢迎、答谢、祝贺、喜庆等社交活动的需要，根据接待规格和礼仪程序而举行的一种隆重正式的餐饮活动。

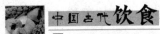
文会宴

文会宴是中国古代文人进行文学创作和相互交流的重要形式之一。形式自由活泼，内容丰富多彩，追求雅致的环境和情趣。一般多选在气候宜人的地方。席间珍肴美酒，赋诗唱和，莺歌燕舞。历史上许多著名的文学和艺术作品都是在文会宴上创作出来的。著名的《兰亭集序》就是王羲之在兰亭文会上写的。

文会宴

历史上对于文会宴的记载不是很多，但是它代表了我国士大夫的饮食生活。我国士大夫的生活态度以宋朝为"分水岭"，在宋以前多数的士大夫希冀建功立业，情感豪放，而很少追求精细的膳品，如李白"烹牛宰羊且为乐，会须一饮三百杯"，杜甫的"酒肉如山又一时，初筵哀丝动豪竹"。宋以后，越来越多的士大夫无法跻身上流社会，加之山河破碎，报国无门，从士大夫特别是唐朝时期士大夫群体身上看不到豪放之气和外向精神，他们用精力专注于生活末节，包括饮食。清代，士大夫的饮食生活更具有艺术化，具有情调，形成了别具一格的士大夫饮食文化。这时期，对于文会宴讲究质、香、色、形、器、味、适、序、境、趣的和谐统一，注重实惠、美味、情调和文化氛围，反对奢侈和过分的富贵气，体现出鲜明的清新淡雅之美。

烧尾宴

烧尾宴是古代名宴，专指士子登科或官位升迁而举行的宴会，盛行于唐代，是中国欢庆宴的典型代表。烧尾一词源于唐代，有三种说法：一说是兽可变人，但尾巴不能变没，只有烧掉尾巴；二说是新羊初入羊群，只有烧掉尾巴才能被接受；三说是鲤鱼跃龙门，必有天火把尾巴烧掉才能变成龙。这三种说法都有升迁更新之意，故取名"烧尾宴"。

"烧尾宴"是唐朝丰富的饮食资源和高超的烹调技术的集中表现，是初盛唐文化的一朵奇葩。从中国烹饪史的全过程来看，"烧尾宴"汇集了前代烹饪艺术的精华，同时给后世以很大的影响，起到了继往开来的作用。如果没有唐代的"烧尾宴"，也不可能有清代的"满汉全席"。中华美馔的宫殿就是靠一代一代、一砖一瓦的积累，逐步盖起来的。

烧尾宴

烧尾宴的规模和具体菜点至今无法完全了解，《清异录》中记载了韦巨源设烧尾宴时留下的一份不完全的清单，使后人得以窥见这次盛宴的概貌。据历史记载，709 年，韦巨源升任尚书左仆射，依例向唐中宗进宴。这次宴会共上了 58 道菜。有冷盘，如吴兴连带鲜（生鱼片凉菜）。有热炒，如逡巡酱（鱼片、羊肉快炒）。有烧烤，如金铃炙、光明虾炙。此外，汤羹、甜品、面点也一应俱全。其中有些菜品的名称颇为引人遐思。如贵妃红，是精制的加味红酥点心。甜雪，即用蜜糖煎太例面。白龙，即鳜鱼丝。雪婴儿，是青蛙肉裹豆粉下火锅。御黄王母饭是肉、鸡蛋等熬的盖浇饭。食单中有一道"素蒸音声部"的看菜，用素菜和蒸面做成一群蓬莱仙子般的歌女舞女，共有 70 件，可以想象，这道菜放在宴席上是何等华丽和壮观！从取材看，有北方的熊、鹿，南方的狸、虾、蟹、青蛙、鳖，还有鱼、鸡、鸭、鹅、鹌鹑、猪、牛、羊、兔，等等。真是山珍海味，水陆杂陈。至于烹调技术的新奇别致，更难以想象。需要指出，58 种菜点还不是烧尾宴的全部食单，只是其中的"奇异者"。同时，由于年代久远，记载简略，很多名目不能详考。所以今天仍无法确知这一盛宴的整体规模和奢华程度。

满汉全席

满汉全席起兴于清代，是集满族与汉族菜点之精华而形成的历史上最著名的中华大宴。

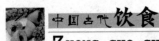
满汉全席规模盛大高贵，程式复杂，满汉食珍，它的取材之广泛可谓登峰造极，具体包括"山八珍""陆八珍""海八珍"三种。"山八珍"是熊掌、猴头、罕达堪、飞龙、虎肾、麋鹿、人参、蕨菜等。"陆八珍"为吃什蟆、驼峰、口蘑、玉皇蘑、凤抓蘑、玉米珍、沙丰鸡、松鸡。"海八珍"即鲨鱼翅、刺参、鲜贝、紫鲍、乌鱼蛋、鳖肚、鱼皮等。就风味来讲，南北风味兼有，全席设有冷荤热肴196品，点心茶食124品，共计320品，为中国古代筵宴之最，代表了宫廷的饮食生活。满汉全席共设有六宴。

 1. 蒙古亲潘宴

此宴是清朝皇帝为招待与皇室联姻的蒙古亲族所设的御宴。一般设宴于正大光明殿，由满族一、二品大臣坐陪。历代皇帝均重视此宴，每年循例举行。而受宴的蒙古亲族更视此宴为大福，对皇帝在宴中所例赏的食物十分珍惜。

 2. 廷臣宴

廷臣宴于每年上元后一日即正月十六日举行，是时由皇帝亲点大学士、九卿中有功勋者参加，固兴宴者荣殊。宴所设于奉三无私殿，宴时循宗室宴之礼。皆用高椅，赋诗饮酒，每岁循例举行。蒙古王公等皆也参加。皇帝借此施恩来笼络属臣，而同时又是廷臣们功禄的一种象征。

 3. 万寿宴

万寿宴是清朝帝王的寿诞宴，也是内廷的大宴之一。后妃王公、文武百官，无不以进寿献寿礼为荣。其间名食美馔不可胜数。如遇大寿，则庆典更为隆重盛大，系派专人专司。衣物首饰，装潢陈设，乐舞宴饮一应俱全。光绪二十年十月初十日慈禧六十大寿，于光绪十八年就颁布上谕，寿日前月余，筵宴即已开始。仅事前江西烧造的绘有万寿无疆字样和吉祥喜庆图案的各种釉彩碗、碟、盘等瓷器，就达29170余件。整个庆典耗费白银近1000万两，在中国历史上是空前的。

4. 千叟宴

千叟宴始于康熙，盛于乾隆时期，是清宫中规模最大，与宴者最多的盛大御宴。康熙五十二年在阳春园第一次举行千人大宴，玄烨帝席赋《千叟宴》诗一首，故得宴名。

5. 九白宴

九白宴始于康熙年间。康熙初定蒙古外萨克等四部落时，这些部落为表示投诚忠心，每年以九白为贡，即白骆驼一匹、白马八匹，以此为信。蒙古部落献贡后，皇帝用御宴招待使臣，谓之九白宴。每年循例而行。

6. 节令宴

节令宴系指清宫内廷按固定的年节时令而设的筵宴。如元日宴、元会宴、春耕宴、端午宴、乞巧宴、中秋宴、重阳宴、冬至宴、除夕宴等，皆按节次定规，循例而行。满族虽有其固有的食俗，但入主中原后由于满汉文化的交融和统治的需要，大量接受了汉族的食俗。又由于宫廷的特殊地位，逐使食俗定规详尽。其食风又与民俗和地区有着很大的联系，故腊八粥、元宵、粽子、冰碗、雄黄酒、重阳糕、乞巧饼、月饼等在清宫中一应俱全。

知识链接

呼伦湖全鱼宴

呼伦湖位于内蒙古自治区呼伦贝尔草原西部，呼伦湖中所产的鲤鱼、鲫鱼、白鱼、红尾鱼等，肉质肥美，营养丰富。用呼伦湖产的鲜鱼和湖虾，

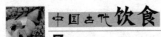

可烹制鱼菜120多种，被称为"全鱼宴"。全鱼宴有12、14、20、24道菜一桌的，甚至有上百道菜一桌的。主要名贵鱼菜品种鱼有鲤鱼跳龙门、二龙戏珠、鲤鱼三献、家常熬鲫鱼、梅花鲤鱼、油浸鲤鱼、鲤鱼甩子、松鼠鲤鱼、芙蓉荷花鲤鱼、湖水煮鱼、清蒸银边鱼、葡萄鱼、葱花鲤鱼、金狮鲤鱼、普酥鱼、番茄鱼片、鸳鸯鱼卷、荷包鲤鱼、煎焖白鱼、拌生虾、拌生鱼片等。

全鱼宴不仅味道鲜美，而且造型美观，栩栩如生，有诗为证："久闻呼伦湖，鱼宴留声明。梅花开席上，松树卧盘中。鲤鱼呈三献，戏珠武二龙。独怜清炖美，鲜嫩醉秋风。"

古代饮食趣谈

在中国几千年的饮食发展历程中,形成了许多不同类型的饮食思想,出现了众多描述饮食工艺与饮食特色的专门著述,留下了无数名人与饮食之间的千古佳话。

第一节
古代著名饮食思想

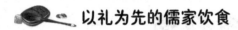 **以礼为先的儒家饮食**

孟子说："食、色，性也。"先秦儒家经典《礼记·礼运》中也有饮食名言："饮食男女，人之大欲存焉。"在儒家观点看来，食和性不仅是出自人类原始自然属性的欲望，更是天下之大欲，这一"大"字，就把饮食提高到至上的地位。

孔子

在儒家的观念里，日常所必需且又习以为常的饮食已经被推崇为天理，成为了一种至高无上的信念，甚至成为了一种民食即天理的伦理观念。

饮食是天理、人欲这一信念的确立，对中国封建社会产生了重要的影响，历代封建王朝的统治者都把"足食"——满足百姓的饮食需求，当作了富国强兵的一项基本且重要的国策。对普通百姓来讲，人们把追求温饱和美味的食品当成了生活、发展和享受的合理需求，这促进了中国饮食业的发展和发达，更成为提高烹饪技艺的催化剂。

中国饮食的独具特色，不仅是儒家经典思想的熏陶，更出于儒家文化思想"礼"的孕育。儒家认为"夫礼之初，始诸饮食"。在他们看来，饮食和礼的产生有着密不可分的联系，这给饮食这一普通的生活必需行为赋予了神圣的文化和伦理上的内涵。儒家饮食观念伦理化的重要表现是重视进食的礼仪，在儒

白果烧鸡

家看来，饮食是人与人之间交往的一条重要的纽带，人们在饮食当中必须重视礼仪。

按照儒家的要求：入宴席前要从容淡定，脸色不能改变，手要提着衣裳，使其离地一尺，不要掀动上衣，更不要顿足发出声音。席间菜肴的摆放要有顺序。进食时要顾及他人，不能用手抓饭，不能流汗。吃饭不能发出声音，送到嘴的鱼肉不能重新放回盘。也不能把骨头扔给狗，更不能大口喝汤，不能当客人的面调汤汁，也不能当众剔牙。主客长幼要有序，并且彬彬有礼。陪长者饮酒，见到长者要递酒，赶快起立拜受，等到长者回话，才能回到席位。如果长者没有举杯饮尽，少者不能先饮。席间谈话，表情要庄重，听讲要虔诚，不能打断别人的话头，也不能随声附和。谈话要有根据，或者先引哲人的名言警句，再自己发挥。宴饮结束，客人要起身收拾碗盘，交给旁边的侍者，主人婉言谢绝后，再坐下，如此等。从迎送宾客、入席仪态、陈设餐具，到吃肉喝汤，都有详尽的规章，充分表现出儒家倡导的恭敬礼让的饮食风格。

上述的饮食思想和礼仪，不仅历史悠久，也对我们现代人的生活有着重要的影响，很多观念至今还在被中华民族所沿用。

食疗养生的道家饮食

中国历史上"食补"和"食疗"的发展归根结底要得益于道家的益气养生学说的促进，进而也衍生出了"药膳"。有些著名医药学家往往又是道教的

信徒，他们以自己的饮食观念和医学知识发展和丰富了"食治"理论和配方。

历史上很多养生食品都诞生于道家学派之中，养生食品——豆腐就是汉代淮南王刘安门下的一批道士修道炼丹时发明的。在中药中的诸多原料同样也是食物的原料，道教所服的药饵如枸杞子、茯苓、黄芪、何首乌、天门冬、菊花、白术、苡仁、山药、杏仁、松子、白芍等，经现代科学证实，也都具有人体需要的许多营养要素，也可以加工成美味的食品。

道教把在修炼中对意念的把握称为"火候"，这一概念被引用在烹饪中，指在食品加热制作过程中，火力掌握的恰到好处。这是道家对烹饪工艺的一个重要的贡献。

善于用火的道观往往能制作出令人垂涎的美味佳肴，武当山紫霄宫的芝麻山药、泰山斗姥宫的金银豆腐、青城山天师洞的白果烧鸡都蜚声海内外。

道家崇尚养生的饮食思想逐渐发展成了一套具有道家特色的进食之道，讲究服食和行气，以外养和内修，调整阴阳，行气活血，返本还元，以得到延年益寿的思想。

茹素修行的佛家饮食

中国佛家禁止肉食的戒律是由中国教派从大乘教义中引申而来的。佛教有三界轮回的观念，佛教徒相信因果报应，认为只有今世通过斋戒修炼的方法，才能在来世往生极乐世界。所以，佛教徒的饮食只有有所禁忌，才能够真正做到法正，即法食或正食。

"食"在梵语中称"阿贺罗"，即有益身心之意。法食就是遵循法制之食，依法之食必然是正食。适合僧侣食用的有五种净食，食物用火烧熟的为火净，用刀去掉皮核的为刀净，用爪去壳的为爪净，将果物蔫干失去生机再食用的为蔫净，取食被鸟啄残的食物谓之鸟啄净。不能达到火净、刀净、爪净、蔫净、鸟啄净的食物，就是佛家所禁忌的邪命食。

中国佛教禁止肉食的制度从南朝开始，由南朝梁武帝萧衍倡导。511年，梁武帝亲自颁布了《断酒肉文》，以此劝诫佛教徒要严格遵守不杀生的戒律，并且自己身体力行地遵守。他认为：食肉就是杀生，是一种违反佛教教规的行为，并且凭借自己的皇权对饮酒食肉的僧侣们加以处罚。从那时起，佛教寺院都禁止了饮酒吃肉的行为。僧侣们常年吃素，这样的行为也对信奉佛教的居士们产生了影响，对素食的发展起到了一定的推动作用。

在佛教的《梵网经》中有"佛子不得食五辛"的规定。《天台戒疏》中曾经对"五辛"加以解释，认为是"蒜、慈葱、兴渠、韭、薤"。在《西域记》中也认为："葱蒜虽少，家有食者，驱令出郭。"由此可见，佛家的荤食概念，并不仅仅是指鱼肉等生灵之肉，凡是具有浓烈气味的蔬菜也在僧侣们的饮食禁忌之列。

在日常的饮食中，佛家对饮水的重视程度可谓超出人们的想象。水在佛家眼中有三种：经过过滤并即时饮用的水称为"时水"；经过滤但是被储存饮用的水称其为"非时水"；洗手或洗器物而不能饮用的水称为"触用水"。佛家戒律认为，没有过滤的水中有虫，喝带虫的水是犯戒。

 知识链接

李渔的饮食养生观

李渔是中国清代著名的作家、戏曲理论家，著有《风筝误》等作品，其所撰写的《闲情偶寄·饮馔》是专门写饮食的。饮馔部所描述的几乎全是他自己的经验之谈，结论中肯务实，而不同于一般的食谱类烹饪著作。饮馔部将饮食分为蔬菜、谷食、肉食三节，分类进行了深入的理论探讨。主要观点为重蔬菜，重清淡，忌油腻，求食益。

李渔的饮食之道，源于他崇尚"自然、本色、天成"的观点，而其中又以俭约、清淡、洁美、调和、食益为饮食思想的精髓，俭约中求精美，平淡中得乐趣。300多年过去了，李渔的思想还对中国饮食文化的发展产生着影响。

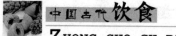

第二节
中华传统食经

 《黄帝内经》：医食同源

中国古代人很早就认识到，饮食营养的合理搭配是决定人们能否健康长寿的重要因素，因此也就提出了对后世影响深远的"医食同源"学说。

在《黄帝内经》的《素问·藏气法时论篇》中，将食物区分为谷、果、畜、菜四大类，即所谓五谷、五果、五畜、五菜。五谷为黍、稷、稻、麦、菽，五果指桃、李、杏、枣、栗，五畜为牛、羊、犬、豕、鸡，五菜是葵、藿、葱、韭、薤。

这是为了配合古代的阴阳五行学说，才把每类归为五种，其所指并非就是具体的五种，都可以有泛指之意。这几类食物在人们日常饮食中的比重和所发挥的作用在《素问》当中都有阐述，其提出的"五谷为养，五果为助，五菜为充，气味合而服之，以补精益气"的论述，就是指人们在饮食当中要以五谷为主食，以果、畜、菜为补充。扩展开来可以将其理解为：人的生长发育和健康长寿不能离开五谷的支持；肉、蛋、乳一类的食品因为营养价值和吸收利用率较高，应该作为人们在五谷之外的配餐；仅仅食用肉类和粮食营养还不够全面，蔬菜也必须作为人们日常饮食的必需品；除此以外，人们还应该尽可能地食用些有利于保健和卫生的干、鲜果品。

在《黄帝内经·素问》当中还阐述了一套五味与保健的关系，也值得后世参考。饮食之物，按照中医学的理论来看，都有温、热、平的性味和酸、苦、辛、咸、甘的气味。五味五气各有所主，或补或泻，为体所用。从书中写到的各种饮食需要"气味合而服之，以补精益气"可以看出，《黄帝内经》中认为四类食品对于人体的各项功能不是无条件的，只有"气味合"才能起到"补精益气"的作用。所谓"气味合"指的是"心欲苦、肺欲辛、肝欲酸、脾欲甘、胃欲咸。此五味之所含藏之气也"。

《黄帝内经·生气通天论篇》中有一则专门论述五味与人体五脏的关系，并且阐述了如果饮食五味不合对人体有损害的思想，其中写道："味过于酸，肝气从律，脾气乃绝；味过于咸，大骨气劳，短肌，心气抑；味过于甘，心气喘喘，色黑，肾气不衡；味过于苦，脾气不濡，胃气乃厚；味过于辛，筋脉沮弛，精神乃央。"这些论述都揭示出了饮食五味与人体健康的密切关系。

《黄帝内经》中的这些论述，不仅是中医学上的经典思想，也给人们提供了饮食上需要遵循的原则性指导。这些理论和思想不仅符合中国古代的国情和食物资源的实际情况，更表现出了东方饮食结构的标志性特点。直到现在，华夏大地上绝大多数人的食物构成依然遵循了这个模式，这也体现了中国农业经济在古代的发展高度。

忽思慧　《饮膳正要》：中国第一部营养学专著

到元世祖忽必烈时，在皇宫里专设"掌饮膳太医四人"。忽思慧因在营养饮食方面的造诣较高被元朝统治者选中，担任了专门负责宫中饮食搭配工作的饮膳太医。任职期间，他不仅积累了丰富的饮食营养知识，更熟识了烹调技术等多方面的技能。他又兼通蒙、汉医学，几年之后，他总结前人的研究成果，并结合了自己获得的饮食营养知识，编著了《饮膳正要》。这部著作因得到了明代宗皇帝朱祁钰的肯定，并为之作序，得以完整地保存。

《饮膳正要》成书于元朝天历三年（1330年），全书共三卷。除了记载帝王圣祭、养生避讳之外，还记有食珍九十四谱，食疗方六十一谱，汤煎方五十五种，另有若干饮水方和"神仙方"。书中记载的食疗方和药膳方堪称丰富，不仅特别注重阐述各种饮食的滋补作用和性味，并且还记载有妊娠食忌、

乳母食忌、饮酒避忌等内容。《饮膳正要》中还制定出了一套饮食卫生法则，记载了一些饮食卫生、营养疗法，乃至食物中毒的防治问题。

在《饮膳正要》中，忽思慧将历代宫廷中的美味珍馐集合起来，总结了前人的养生经验，强调"药补不如食补"的观念。《饮膳正要》虽是宫廷贵族的饮食指南，但是这部书一反皇帝食谱中遍布山珍海味的常规，反而重视起粗茶淡饭的滋补价值，把补气益中的羊馔放到了首位。在药补方面，人参、鹿茸、灵芝一类的名贵补品也并没有大量出现，反而是首乌、茯苓这类的普通药品多次列出。书中倡导的饮食有节，注意食物多样化和季节调养的饮食营养观既务实又朴素。

《饮膳正要》包括医疗卫生，以及历代名医的验方、秘方和具有蒙古族饮食特点的各种肉、乳食品等内容，使其已经超越了饮食典籍的界限，有了医疗研究方面的意义。这部蒙汉医学和饮食交流产物的著作，对研究元代宫廷生活和当时的文化也有一定的参考价值。

贾铭 《饮食须知》：食物搭配指南

贾铭，字文鼎，浙江海宁人，元代养生家。贾铭在《饮食须知》自序中说：写这本书的目的在于能够让注重养生的人们了解饮食之物性有相反相忌的作用，在日常饮食中要多加注意，适度饮食。否则的话，轻则五内不和，重则立生祸害。因此，《饮食须知》选录许多本草疏注中关于物性相反相忌的部分编成书，以便帮助人们掌握饮食的调配方法，避免因饮食搭配不当而给人身体健康造成损害。

《饮食须知》全书八卷：第一卷水类 30 种，火类 6 种；第二卷谷类 50 种；第三卷菜类 86 种；第四卷果类 59 种；第五卷味类 33 种；第六卷鱼类 65 种；第七卷禽类 34 种；第八卷兽类 40 种。另附几类食物有毒、解毒、收藏之法。

《饮食须知》不仅对饮食烹饪有重要的参考价值，对人民的日常生活也有一定的指导意义。此书从"饮食精以养生""物性有相反相忌"的角度出发，对食物的性味、反忌、毒性、收藏等性质进行了编选介绍，同时也提出了"养生者未尝不害生"的观点。

《吴氏中馈录》：女厨食典

　　吴氏，南宋浙西浦江人。她特别擅长私家菜的烹制，所做的菜多取材于浙江地方原料，做工精细，以家常小菜为主，非常具有创意。其中腌制、酱制、腊制等诸多方法很具有实用价值，当中的很多技法一直流传至今。吴氏不仅烹饪技艺高超，也是一位有名的才女，她对民间烹饪实践进行总结与整理，收集了浙西南地区76种菜点的制作方法，著成以吴氏菜谱命名的饮食专录——《吴氏中馈录》。

　　《吴氏中馈录》是中国历史上一部重要的烹饪典籍。全书共分脯鲊、制蔬、甜食三部分，所载菜点采用炙、腌、炒、煮、焙、蒸、酱、糟、醉、晒等十几种烹饪方法，代表了宋代浙江民间烹饪的最高水平，有些做法至今还在江南一些地区流行。《吴氏中馈录》不仅丰富了流传已久的"私家菜"品种，使得家常宴饮化平凡为神奇，更为中国的传统饮食文化做出了重要的贡献。

知识链接

《宋氏养生部》

　　南宋时期，浙江民间还出现一位著名女厨宋五嫂。相传，她曾经在钱塘门外做鱼羹，因得到宋高宗的赞赏而闻名，其名至今与名菜"宋嫂鱼羹"一起流传于世。

　　宋五嫂，本姓朱，嫁于宋氏人家，随丈夫姓，又被人们称为宋氏。宋氏善于烹饪，曾经多年作为官府的主厨，因此擅长官府菜。在平日闲暇之时，宋氏将几十年的厨艺经验都转述给了她的儿子宋诩，汇集编成了《宋

氏养生部》六卷。第一卷介绍内容有茶制、酒制、酱制、醋制；第二卷介绍面食制、粉食制、蓼花制、白糖制、蜜煎制、汤水制；第三卷为兽属制、禽属制；第四卷为鳞属制、虫制；第五卷为苹果制、羹制；第六卷为杂造制、食药制、收藏制、宜禁制。每一类下还分若干的详细目录，记载各种食品的制法。此书共收集菜肴1300余种，成为了中国古代食物制作的著名典籍。

因宋氏曾经在官府厨房任职，书中所收录的菜品多为官府菜。此书有很强的实用性，收录的菜肴品种齐全、风味多样，是中国食品制造加工史上有里程碑意义的饮食著作。

孙思邈 《千金食治》：食疗精粹

孙思邈，唐代医药学家，被人奉为"药王"。他著的《千金方》和《千金翼方》等医学著作对后世的影响极其深远，在这两部书中都有关于食疗的论述。《千金方》又名《备急千金要方》，全书30卷，第26卷为食治专论，后人称为《千金食治》。

在《千金食治》的序论部分，作者阐述了他的食疗思想。孙思邈说："人安身的根本，在于饮食；要疗疾见效快，就得凭于药物。不知饮食之宜的人，不足以长生；不明药物禁忌的人，没法根除病痛。这两件事至关重要，如果忽而不学，那就实在太可悲了。饮食能排除身体内的邪气，能安顺脏腑，悦人神志。如果能用食物治疗疾病，那就算得上是良医。作为一个医生，先要摸清疾病的根源，知道它会给身体什么部位带来危害，再以食物治疗。只有在食疗不愈时，才可用药。"

孙思邈还告诫人们说："凡常饮食，每令节俭，若贪味多餐，临盘人饱，食讫觉腹中彭亨（胀肚）短气，或致暴疾，仍为霍乱。又夏至以后，迄至秋分，必须慎肥腻、饼、酥油之属，此物与酒浆瓜果，理极相仿。夫在身所以多疾病，皆由春夏取冷太过，饮食不节故也。又鱼脍诸腥冷之物，多损于人，断之益善。乳酪酥等常食之，令人有筋力胆干，肌体润泽，卒多食之，亦令腹胀泄利，渐渐自已。"这段话当中既谈到一些平时饮食搭配的禁忌，也谈到了饮食与节气之间的紧密关系，很多思想都包含了科学的道理。

《千金食治》分果实、蔬菜、谷米、鸟兽等几篇，内容中详细描述了

孙思邈

各种食物的药理性和功能。在果实篇中，孙思邈提倡多吃大枣、鸡头实、樱桃，说这些食物能使人身轻如仙。告诫人们不能多食用的东西有：梅，坏人牙齿；桃仁，令人发热气；李仁，令人体虚；安石榴，损人肺脏；梨，令人生寒气；胡桃，令人呕吐，动痰火。食杏仁尤应注意，孙思邈引扁鹊的话说："杏仁不可久服，令人目盲，眉发落，动一切宿病，不可不慎。"

在蔬菜篇中，孙思邈认为：越瓜、胡瓜、早青瓜、蜀椒不可多食，而苋菜实和小苋菜、苦菜、苜蓿、薤、白蒿、茗叶、苍耳子、竹笋均可长久食用，这些食物不仅可以让人身体轻松有力气，更可延缓衰老。

在谷米篇中，孙思邈认为：长久食用薏仁、胡麻、白麻子、饴、大麦、青粱米能让人身轻有力，使人不老；赤小豆则会让人肌肤枯燥；白黍米和糯米令人烦热；盐会损人力，黑肤色，这些都不可多食。

在鸟兽篇中，孙思邈认为：乳酪制品对人有益；虎肉不能热食，能坏人齿；石蜜久服，强志轻体，耐第延年；腹蛇肉泡酒饮，可疗心腹痛；乌贼鱼也有益气强志之功，鳖肉食后能治脚气。

孙思邈的这些经验不仅使他成为了"药王"，更让其活到百余岁，他提到的饮食思想对后人有很大的启示作用。

张英 《饭有十二合说》：士大夫饮食宝典

在清初众多有关饮食的著作中，能够全面体现士大夫饮食文化意识的是张英的《饭有十二合说》。张英（1637—1708 年）字敦复，号乐圃，安徽桐城人，累代簪缨，属于世代显贵之列，但他这篇作品中所表达的饮食意识则纯粹是士大夫的。这可能与他出身科举、耕读观念特别执着有关。"饭有十二合"，就是说进餐的美满需要有十二个条件配合才合适。全文 12 节，可分 7 部分。第一部分是主食，包括一节之"稻"和二节之"炊"。两则讲主食米饭原料的选择与烹饪。第二部分为副食，包括"肴""蔬""脩""菹""羹"五条。所言皆为佐餐下饭的副食，包括用鱼肉烹制而成的荤菜（肴）、蔬菜（蔬）、肉干（脩）、咸菜（菹）、汤菜（羹），比较全面地反映了中国的副食状况。第三部分为"茗"，饮茶是进餐过程中不可缺少的环节，南方士大夫更是如此。吃饭时看核杂陈，荤腥并进，唯赖最后一杯清茶涤齿漱口，利胃通肠，以维持"清虚"之感。作者认为有好水好茶，自己亲自烹煮才是莫大的清福。第四部分为"时"，指进餐要在适当的时间。另外，"时"还有一个含义，即"定时"。作者主张"思食而食"，还包含有追求放浪生活之意，他把自己对待生活的态度也渗入到饮食生活中了。第五部分为"器"，指餐具。美食与美器的和谐统一是中国传统饮食文化理论的一个重要方面。张英认为食器以精洁瓷器为主，这种主张简便易行，既不奢侈，又考虑到器物与看馔的统一，能突出食物之美。第六部分为"地"，指进餐的地点与环境。进餐要注意选择环境。第七部分为"侣"，指一起进餐的伴侣。张英此条所表达的也是指在进餐的同时感受到情感的温馨。张英的这篇作品，将前代士大夫的饮食生活艺术加以总结、归纳，成为研究士大夫饮食文化的重要材料。

袁枚 《随园食单》：厨人秘珍

袁枚，字子才，号简斋，浙江钱塘人。清代著名的学者、诗人、文学家、饮食文化理论家、烹饪艺术家。他一生著有《小仓山房诗文集》《随园随笔》

袁枚《随园食单》

《随园食单》等30余部文学艺术作品。袁枚利用自己广博的见识，深远的见解所著的《随园食单》一书，可谓品位高雅、依据真实，给当时的饮食文化带来了巨大影响。在今天，其中的许多观念仍然值得我们学习和借鉴。

在《随园食单》中，袁枚系统论述了清代烹饪技术，涵盖了南北菜品的菜谱，全书分为须知单、戒单、海鲜单、江鲜单、特牲单、杂牲单、羽族单、水族有鳞单、水族无鳞单、杂素单、小菜单、点心单、饭粥单和菜酒单14个方面。书中用大量的篇幅系统介绍了从14世纪到18世纪中叶流行于南北的342道菜点、茶酒的用料和制作，有江南地方风味菜肴，也有山东、安徽、广东等地方风味食品。在书中还表达了作者对饮食卫生、饮食方式和菜品搭配等方面的观点。这些观点在今天看来依然实用，读来让人获益匪浅。

袁枚认为：美食之美不在数量而在质量，要讲求营养。袁枚的这种饮食观念也渗透进了他平时的饮食习惯之中。

袁枚在《随园食单》中谈到，食物搭配也要"才貌"相适宜，烹调必须要"同类相配""要使清者配清，浓者配浓，柔者配柔，刚者配刚，方有和合之妙"。可见，袁枚对食物之间的搭配是相当看重的。

袁枚认为饮食要讲求卫生。他强调：菜肴再美味，如不卫生，必定让人难以下咽。

对饮食用具，袁枚也要求很严格。一定要专器专用，"切葱之刀，不可以切笋；捣椒之臼，不可以捣粉"。其常用的饮食器具要清洁，"闻菜有抹布气者，由其布之不洁也；闻菜有砧板气者，由其板之不净也"。好的厨师应该做到"四多"，良厨应"多磨刀、多换布、多刮板、多洗手，然后治菜"。

袁枚要求菜"味要浓厚，不可油腻；味要清鲜，不可淡薄"。在吃饭之时，袁枚主张严格按照上菜顺序来放置菜肴，要"咸者宜先，淡者宜后；浓者宜先，薄者宜后；无汤者宜先，有汤者宜后"。

袁枚还认为：饮食只有按照节令而用之，才能强身健体。

《随园食单》展示了作者对饮食的讲究，蕴含了他的情趣与人生观。这种生活哲学和思考，正是菜谱的精髓所在。这部书系统论述和阐释了饮食文化理论、烹饪技艺、南北茶点制作技术等方面的内容，袁枚的饮食美学思想、饮食烹饪技艺思想和饮食保健思想也得到了集中体现，是中国古代饮食文化的精髓之作。

图片授权

全景网

壹图网

中华图片库

林静文化摄影部

敬　启

本书图片的编选，参阅了一些网站和公共图库。由于联系上的困难，我们与部分入选图片的作者未能取得联系，谨致深深的歉意。敬请图片原作者见到本书后，及时与我们联系，以便我们按国家有关规定支付稿酬并赠送样书。

联系邮箱：932389463@qq.com

参考书目

1. 杜文玉．图说中国古代饮食［M］．北京：世界图书出版公司，2012.

2. 王宣艳．芳茶远播——中国古代茶文化［M］．北京：中国书店出版社，2012.

3. 董淑燕．百情重觞——中国古代酒文化［M］．北京：中国书店出版社，2012.

4. 黄耀华．中国饮食［M］．合肥：黄山书社，2012.

5. 王学泰．中国饮食文化史［M］．北京：中国青年出版社，2012.

6. 杜莉，姚辉．中国饮食文化［M］．北京：旅游教育出版社，2012.

7. 万建中．中国饮食文化［M］．北京：中央编译出版社，2011.

8. 王学泰．中国饮食文化简史［M］．北京：中华书局，2010.

9. 席坤．中国饮食［M］．长春：时代文艺出版社，2009.

10. 吴澎．中国饮食文化［M］．北京：化学工业出版社，2009.

11. 林乃燊．中国古代饮食文化［M］．北京：商务印书馆，2007.

12. 贤之．历史食味：古代经典饮食故事［M］．北京：中国三峡出版社，2006.

13. 张征雁，王仁湘．昨日盛宴：中国古代饮食文化［M］．四川：四川人民出版社，2004.

14. 王明德．中国古代饮食［M］．陕西：陕西人民出版社，2002.

15. 王仁湘．珍馐玉馔——古代饮食文化［M］．江苏：江苏广陵书社有限公司，2002.

中国传统民俗文化丛书

一、古代人物系列（9 本）

1. 中国古代乞丐
2. 中国古代道士
3. 中国古代名帝
4. 中国古代名将
5. 中国古代名相
6. 中国古代文人
7. 中国古代高僧
8. 中国古代太监
9. 中国古代侠士

二、古代民俗系列（8 本）

1. 中国古代民俗
2. 中国古代玩具
3. 中国古代服饰
4. 中国古代丧葬
5. 中国古代节日
6. 中国古代面具
7. 中国古代祭祀
8. 中国古代剪纸

三、古代收藏系列（16 本）

1. 中国古代金银器
2. 中国古代漆器
3. 中国古代藏书
4. 中国古代石雕

5. 中国古代雕刻
6. 中国古代书法
7. 中国古代木雕
8. 中国古代玉器
9. 中国古代青铜器
10. 中国古代瓷器
11. 中国古代钱币
12. 中国古代酒具
13. 中国古代家具
14. 中国古代陶器
15. 中国古代年画
16. 中国古代砖雕

四、古代建筑系列（12 本）

1. 中国古代建筑
2. 中国古代城墙
3. 中国古代陵墓
4. 中国古代砖瓦
5. 中国古代桥梁
6. 中国古塔
7. 中国古镇
8. 中国古代楼阁
9. 中国古都
10. 中国古代长城
11. 中国古代宫殿
12. 中国古代寺庙

五、古代科学技术系列（14本）

1. 中国古代科技
2. 中国古代农业
3. 中国古代水利
4. 中国古代医学
5. 中国古代版画
6. 中国古代养殖
7. 中国古代船舶
8. 中国古代兵器
9. 中国古代纺织与印染
10. 中国古代农具
11. 中国古代园艺
12. 中国古代天文历法
13. 中国古代印刷
14. 中国古代地理

六、古代政治经济制度系列（13本）

1. 中国古代经济
2. 中国古代科举
3. 中国古代邮驿
4. 中国古代赋税
5. 中国古代关隘
6. 中国古代交通
7. 中国古代商号
8. 中国古代官制
9. 中国古代航海
10. 中国古代贸易
11. 中国古代军队
12. 中国古代法律
13. 中国古代战争

七、古代文化系列（17本）

1. 中国古代婚姻
2. 中国古代武术
3. 中国古代城市
4. 中国古代教育
5. 中国古代家训
6. 中国古代书院
7. 中国古代典籍
8. 中国古代石窟
9. 中国古代战场
10. 中国古代礼仪
11. 中国古村落
12. 中国古代体育
13. 中国古代姓氏
14. 中国古代文房四宝
15. 中国古代饮食
16. 中国古代娱乐
17. 中国古代兵书

八、古代艺术系列（11本）

1. 中国古代艺术
2. 中国古代戏曲
3. 中国古代绘画
4. 中国古代音乐
5. 中国古代文学
6. 中国古代乐器
7. 中国古代刺绣
8. 中国古代碑刻
9. 中国古代舞蹈
10. 中国古代篆刻
11. 中国古代杂技